盛夏 · 陽光明媚的手作時節

陽光卯足全力的照耀著大地,感受它源源不絕的熱情與活力,我們也需要這種精神面對生活中的各種挑戰。偶爾靜下心來,待在涼爽的室內做手作,完成一款又一款好看的作品;偶爾出門曬曬太陽,接觸大自然,好好放鬆心情,說不定會出現更多靈感,讓你在手作之路上光芒漸放。

本期 Cotton Life 推出防水包手作主題!邀請手作家運用布料特性創作出能防雨水、耐髒又好看的包款。有色彩和諧,隔層多的多肉盆栽防水三層包;外觀清爽,可愛又有特色的甜滋滋彩糖球防水後背包;容量大,訴求全家去海邊一包搞定的歡樂之旅親子戲水包;好收納不佔空間的童話夢境摺疊式防水包,每款都具實用性與學習價值。

此次專題「多功能時尚書包」,讓喜歡不斷學習,或想培養第二專長充實自己的人,有一款專屬的包包,讓你更投入於學習中。專題內容包含配色鮮明,風格強烈的時尚雙層造型書包;簡約輕盈又帶有文青感的 Lemon Soda 簡約帆布肩背包;外觀時尚,獨具巧思的環遊世界地圖包;造型經典,可調整置物空間的夢幻多功能肩背包,每款都有不同的風格與魅力,值得製作擁有。

生活中常見的物品、動物或食物,用布料呈現獨特的造型,非常有趣又具話題性。本次單元收錄了可愛度破表的萌萌刺蝟零錢包;仿真感十足,外表美味可口的香濃奶油夾心餅乾零錢包;可放卡片和貼身小物的三角飯糰雙層包;達摩不倒翁造型的祈願零錢包。可愛到令人愛不釋手,天天都想帶在身邊。將手作與生活緊密連結,一起快樂玩手作吧!

感謝您的支持與愛護
Cotton Life 編輯部
www.cottonlife.com

Cotton Life

夏日手作系
2018 年 07 月
CONTENTS

刊頭特集　出遊實用防水包

好評連載

勤學專題

多功能時尚書包

小包特企

討喜造型零錢包

自薦專線

Cotton Life 長期徵求拼布老師、手作達人，竭誠歡迎各界高手來稿，將您經營的部落格或 FB，與我們一同分享，若有適合您的單元編輯就會來邀稿囉～

(02)2222-2260#31　cottonlife.service@gmail.com

國家圖書館出版品預行編目 (CIP) 資料

Cotton Life 玩布生活 . No.28：出遊實用防水包 x 多功能時尚書包 x 討喜造型零錢包 / Cotton Life 編輯部編 . -- 初版 . -- 新北市：飛天手作, 2018.07
面；　公分 . --（玩布生活；28）
ISBN 978-986-94442-9-3（平裝）

1. 手工藝

426.7　　　　　　　　　107009741

Cotton Life 玩布生活 No.28

編　　者 / Cotton Life 編輯部
總 編 輯 / 彭文富
主　　編 / 潘人鳳、葉羚、吳佳珈
美術設計 / 柚子貓、曾瓊慧、April
攝　　影 / 詹建華、蕭維剛、林宗億、張詣
紙型繪圖 / 菩薩蠻數位文化

出 版 者 / 飛天手作興業有限公司
地　　址 / 新北市中和區中正路 872 號 6 樓之 2
電　　話 / (02)2222-2260・傳真 / (02)2222-2261
廣告專線 / (02)22227270・分機 12 邱小姐
教學購物網 / www.cottonlife.com
Facebook / http://www.facebook.com/cottonlife.club
讀者服務 E-mail / cottonlife.service@gmail.com
■劃撥帳號 / 50381548
■戶　　名 / 飛天手作興業有限公司
■總經銷 / 時報文化出版企業股份有限公司
■倉　　庫 / 桃園縣龜山鄉萬壽路二段 351 號

初版 / 2018 年 07 月
本書如有缺頁、破損、裝訂錯誤，請寄回本公司更換
ISBN / 978-986-94442-9-3
定價 / 320 元
PRINTED IN TAIWAN

封面攝影 / 詹建華
作品 / 胖咪・吳珮琳

冰淇淋小恐龍平安符袋

手縫 OK！

製作示範／Ming（米米）　編輯／兔吉
成品攝影／張詣
完成尺寸／小腕龍：長11.5cm×寬10.5cm
　　　　　小劍龍：長8.5cm×寬11cm
難易度／★★

Profile

Ming（米米）

北京服裝學院 服裝設計系畢業
累積十餘年的服裝設計和包包飾品豐富
的創作經歷，喜歡自己設計開版製作各
式手作，讓每一刻都充滿暖暖，堅持原創，因為唯有用心手
作，才能更有溫度。
2015 年和阿里一起成立「Ming Design Studio」獨立設計師
品牌工作室至今。注重細節和實作應用，讓設計不再只是設
計，而是能夠讓你我更加有溫度的作品。

FB 搜尋：Ming Design Studio
Email: away10227@gmail.com
Line ID: @zxi8416r

〔平安符的小小守護神。〕

小恐龍守護神駕到。

請安心把平安符放進我肚子裡，

嗯嘛嗯嘛好好吃！

你的安全就由我來守護！

不過夏天好熱，我先趴在冰淇淋上休息先。

4

Materials 紙型Ａ面

※以下紙型無需外加縫份。
※步驟內容中會使用到的刺繡技法請參照後方教學。

（一）芒果冰淇淋小腕龍

主要材料：A布（淺藍色不織布）30×30cm、B布（黃色不織布）8×8cm、C布（米白色不織布）8×5cm、輕薄襯15×15cm。

使用工具：5號刺繡針、繡線（主色：淺藍色、白色、黃色；副色：咖啡色、淺粉色、深粉色、寶藍色）、20mm淺藍色奶嘴夾1個。

裁布：

A布（淺藍色不織布）

A1恐龍前片	依紙型	1片
A2恐龍後上片	依紙型	1片
A3恐龍後下片	依紙型	1片

B布（黃色不織布）

B1冰淇淋上片	依紙型	1片
B2掛耳	2×5cm	1片

C布（米白色不織布）

C1冰淇淋下片	依紙型	1片

（二）草莓冰淇淋小劍龍

主要材料：A布（草綠色不織布）30×30cm、B布（深綠色不織布）10×10cm、C布（粉紅色不織布）8×8cm、D布（米白色不織布）8×5cm、輕薄襯15×15cm。

使用工具：5號刺繡針、繡線（主色：草綠色、淺粉色；副色：咖啡色、深粉色）、20mm草綠色奶嘴夾1個。

裁布：

A布（草綠色不織布）

A1恐龍前片	依紙型	1片
A2恐龍後上片	依紙型	1片
A3恐龍後下片	依紙型	1片

B布（深綠色不織布）

B1恐龍背脊	依紙型	1片
B2掛耳	2×5cm	1片

C布（粉紅色不織布）

C1冰淇淋上片	依紙型	1片

D布（米白色不織布）

D1冰淇淋下片	依紙型	1片

9 翻至背面,燙上輕薄襯,完成前片製作。

★製作後片

10 將A2與A3以毛邊繡的方式繡好袋蓋邊緣。

★組合前後片

11 取B2掛耳採平針繡作法固定在奶嘴夾上。

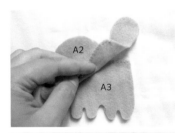

12 將步驟9完成的前片與A2及A3上下對齊,用絲針固定。

5 以緞紋繡(1~2股)繡上彩糖球,建議可採3種不同顏色的繡線來增加色彩豐富性。

6 依紙型在B1上畫好接合C1冰淇淋下片與B2掛耳的記號。

7 將C1對合好,以平針繡(1~2股)接合。

8 接著依紙型在A1畫上拼接冰淇淋的位置,接著同樣以平針繡(1~2股)縫合。

* 如無特別標示,請取 2~3股繡線進行動作。

(一)芒果冰淇淋小腕龍

★前置作業

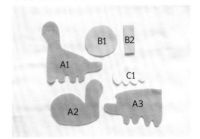

依裁布表將所需布片裁剪好。

★製作前片

2 依紙型將恐龍的眼睛與嘴巴使用消失筆在A1恐龍前片上畫好記號。

3 以緞紋繡繡上眼睛增加立體度,嘴巴則以回針繡(1~2股)完成。

4 在B1冰淇淋上片上畫好彩糖球記號。

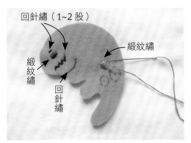

3 如圖示將各部位刺繡完成。

（標注：回針繡（1~2股）、緞紋繡、緞紋繡、回針繡）

16 最後將剩下的掛耳後片縫好。

13 從冰淇淋邊緣用毛邊繡縫合，留意拼接掛耳的記號位置。

4 將彩糖球記號畫在C1冰淇淋上片，接著使用緞紋繡（1~2股）繡好。

17 可愛的芒果冰淇淋小腕龍就完成了！

14 先將掛耳前片與冰淇淋拼接，接著再重複步驟13的作法將剩下的冰淇淋縫製完成。

＊如無特別標示，請取2~3股繡線進行動作。

（二）草莓冰淇淋小劍龍

★前置作業

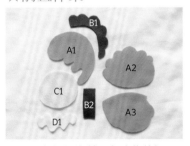

依裁布表將所需布片裁剪好。

5 按照紙型在C1上畫好接合D1冰淇淋下片與A1的位置。

★製作前片

2 依紙型將恐龍的各部位用消失筆在A1恐龍前片上畫好記號。

15 相同以毛邊繡作法縫合恐龍身體邊緣，留意縫到3片接合處時，一定要對合好再縫，完成恐龍身體。

6 將D1對合好，用平針繡（1~2股）縫合。

13 從冰淇淋邊緣開始以毛邊繡作法縫合。

10 以毛邊繡作法將A2與A3袋蓋邊緣完成。

★組合前後片

7 接著在A1上畫好拼接冰淇淋的記號,將冰淇淋對齊,採平針繡(1~2股)接合。

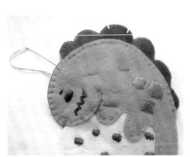

14 使用相同作法將恐龍前後片組合在一起,留意接合掛耳的記號位置。

11 取B2掛耳以平針繡固定在奶嘴夾上備用。

8 翻至背面,燙上輕薄襯。

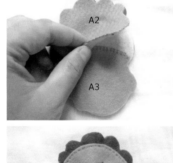

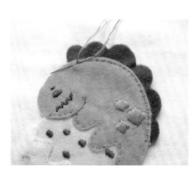

15 重複芒果冰淇淋小腕龍的製作步驟14~16,草莓冰淇淋小劍龍就完成了!

12 將步驟9完成的前片與A2及A3上下對齊,用絲針固定。

9 依紙型在A1畫上B1背脊接合記號,接著以平針繡(1~2股)縫合,完成前片製作。

刺繡工具介紹

☆刺繡工具:本單元所使用的是25號Cosmo繡線,每一條繡線都是由六股線撚成一條,標籤紙上均有顏色編號。

☆刺繡針:刺繡針相較於一般手縫針的針孔較大,以便將線穿入。

☆關於刺繡布料:易於刺繡的布料以不織布、棉布、亞麻材質居多;若選擇的布料布紋較稀疏的話,容易造成刺繡圖案歪斜;若選擇的布料過薄,表面則會透出背面的交叉繡線,此時如果在其背面貼上膠襯補強之後,也可用來刺繡。建議在進行刺繡之前先試繡喔!

基礎技法介紹

（一）平針繡

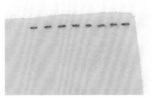

從布的背面起針，以1出2 入的方式進行。

重複一出一入的方式進行 刺繡，留意間距要相等， 繡起來才美觀。

（二）回針繡

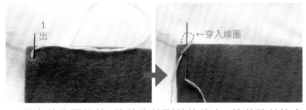
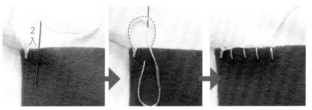

從布的背面起針，以1出2 入的方式進行。

第3針如圖示從布的背面出針，接著第4針從剛剛第1針的 位置入針，完成一回針。

以此類推，重複相同動作 完成回針繡。

（三）毛邊繡

從布的背面起針，將線先放到針的後方。接著將針拉出 時，把針穿入剛剛上方的線圈中，完成一毛邊繡。

第2針先以順時針的方向擺好再入針，記得拉出時重複步 驟1的做法將針穿入上方線圈中，以此類推。

（四）網格繡

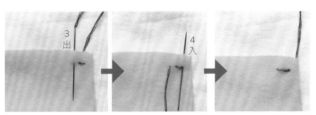
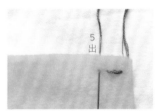

從布的背面起針，以1出2 入的方式進行。

重複步驟1的作法完成3條 橫線，留意3條線之間的 間距要等寬。

豎線作法相同，留意間距 也要等寬，完成網格繡。

（五）緞紋繡

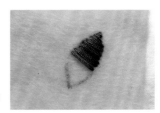

先使用消失筆在布上畫好 圖案。

從圖案的頂端開始，沿著 圖案的輪廓以1出2入的方 式進行刺繡。

重複步驟2作法，以線條 填滿圖案。

喵喵貓窗簾束帶

可愛又俏皮的喵喵貓最喜歡小魚了，只要抱著小魚就會很高興的微笑著，讓人看了也能擁有好心情，
就讓它來陪襯房間的窗簾吧！當窗簾拉開時，只要讓喵喵貓抱住小魚，就可以束起窗簾。不需要使用時，
也可以立著擺放，當居家擺飾也適宜。

製作示範／糖糖　編輯／Forig　成品攝影／張詣
完成尺寸／展開時：寬 33cm× 高 15cm
　　　　　束起時：寬 13cm× 高 15cm
難易度／

Profile

糖糖

早期主要是畫可愛風的插圖,並製成相關商品販售。八年前開始以看書自
學的方式玩拼布,並在某次網友的建議下,將自己所繪製的圖案運用其
中,陸續設計和手作出許多可愛又具實用性的作品。並期許自己所設計的
作品,能讓人從手作過程中,漸漸喜歡上拼布所帶來的樂趣與成就感。

糖糖の畫筆彩繪、快樂手作

Blog:http://candy4433.pixnet.net/blog
Facebook:http://www.facebook.com/4433candy/

Materials 紙型A面

使用材料:
①素色厚棉布、先染布、雙膠薄舖棉、薄布襯、配色布等各適量。
②5mm扁平鬆緊帶:12cm長。
③25號繡線:咖啡色、深藍色各適量。
④填充棉花:適量。
⑤壓克力顏料:黑色、白色各少許。

裁布:

喵喵貓

左耳布(黃色)	紙型	1片
右耳布(橘色)	紙型	1片
內耳朵(膚色)	紙型	2片(左右耳紙型反面各1片)
貓臉前片①	紙型	1片
貓臉前配色布②～④	紙型	各1片
貓臉後片③	紙型	1片
貓臉後配色布①～②	紙型	各1片
尾巴前後片	紙型	各1片
尾巴配色布	紙型	1片
貓身前片	紙型	1片
貓身前配色布①～②	紙型	各1片
貓身後片	紙型	1片

小魚

魚身	紙型	2片
尾鰭	紙型	2片(1片燙雙膠舖棉)

※尾鰭再粗裁雙膠舖棉1片。

束帶

束帶片	紙型	2片(燙薄布襯,1片再燙雙膠舖棉)

※再粗裁雙膠舖棉1片。

製作前注意事項:
使用25號繡線時,因為此繡線是以六股線合成,在使用時,要先將繡線一股一股線抽拉出來
整理後,再依照自己需要的股線數量合成一條來使用。

※以上紙型未含縫份,請外加0.7cm～1cm縫份;貼布縫外加0.3～0.5cm縫份;夾縫為0.7cm縫份。

9 取25號咖啡色繡線三股,穿過刺繡針對摺成六股線,線尾打結後,運用回針繡法繡出貓臉前片上的嘴巴線條。

10 將左、右貓耳沿著貓臉前片的弧度,疏縫固定在指定的位置上,完成貓臉前片。

11 依照貓臉後片紙型剪裁各配色布一片。

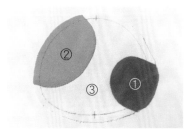

12 利用立針縫法將配色布①~②布貼縫至③布上。熨斗整燙後,再拿紙型畫出縫合線和上下中心點,並將縫份修剪成0.7cm,完成貓臉後片。

5 再依紙型畫出耳朵下方完成線,縫份修剪成0.7cm,並剪數個牙口。完成一對貓耳朵。

🐟 製作貓臉

6 依照貓臉前片紙型剪裁配色布各一片。並在①布上畫出眼睛和嘴巴的位置。

7 利用鐵筆或細圭毛筆,沾黑色壓克力顏料,在眼睛的位置上,以點畫方式畫出眼睛輪廓框後,再塗滿整個眼睛。待顏料乾透後,再沾上白色壓克力顏料,點畫上眼睛的白點。

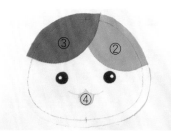

8 利用立針縫法分別將貓臉前片②~④布依序貼縫至①布上。整燙好後,再拿紙型畫出縫合線和上下中心點、貓耳位置等記號線,並將縫份修剪成0.7cm。

🐟 製作貓耳

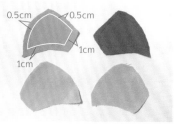

依左、右耳朵紙型裁剪外耳布與內耳膚色布正反各一片。縫份0.5cm外加,下方留1cm縫份。

2 將外耳布與內耳布正面相對,上方縫合後,縫份剪出數個牙口。

3 再從下方翻回正面,整理好耳朵的形狀後,用熨斗整燙定型。

4 依照紙型上的摺燙線將耳朵摺燙好。

21　貓身前、後片正面相對,上方留返口,其餘縫合後,將貓手間的縫份先剪一刀牙口(勿剪到縫合的縫線),再將縫份剪數個牙口。

22　從返口將貓身翻回正面,整理好形狀後,用熨斗整燙。返口處塞入適量的填充棉花。需先塞好貓手的部份後,再將身體部份塞成半立體狀。

23　將貓身返口處的縫份放入貓臉的返口處中,再利用藏針縫法將貓身夾縫在貓臉上(夾縫時,縫針需穿過貓身)。

24　完成整個喵喵貓的製作。

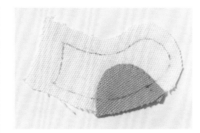

17　利用立針縫法將配色布貼縫至尾巴前片指定的位置上。

18　尾巴前片與後片正面相對,留返口,其餘縫合後,縫份剪出數個牙口。

19　從返口處翻回正面,再塞入適量的填充棉花。

🐟 製作貓身體與組合

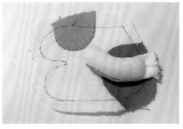

20　將貓身前片配色布①~②用立針縫法貼縫至貓身前片布上,並將貓尾巴疏縫固定在指定位置上。

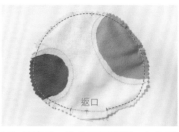

13　貓臉前、後片正面相對,中心點相合印後,下方留返口,其餘縫合一圈。再將縫份剪牙口。

14　翻回正面,並整理好貓臉形狀,返口縫份內摺,用熨斗整燙。

15　從返口塞入適量的填充棉花,撐出半立體感的貓臉,並用熨斗將貓臉邊整燙出漂亮的弧形。

🐟 製作貓尾巴

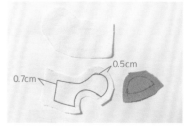

16　依尾巴前、後片紙型裁剪各一片(返口縫份留0.7cm,其餘縫份留0.5cm),和一片配色布。

32 將魚尾鰭返口處的縫份放進魚身尾端的返口中，利用藏針縫法將魚尾鰭夾縫在魚身上。（夾縫時，縫針需穿過魚尾鰭）

28 從返口翻回正面，整理好形狀後用熨斗整燙，再從返口塞入適量的填充棉花。並將返口處縫份先往內摺燙好。

🐟 **製作小魚**

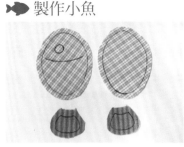

25 依照魚身紙型和魚鰭紙型，裁剪布料正反各一片。

33 完成小魚的製作。

29 將魚尾鰭布其中一片背面燙上雙膠鋪棉後，二片正面相對，上方留返口，其餘縫合。

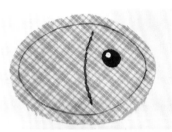

26 其中一片魚身布上，同步驟7作法畫上眼睛。再取25號深藍色繡線三股，穿過刺繡針對摺成六股線，線尾打結，在魚身布上以回針繡完成刺繡。

🐟 **製作束帶**

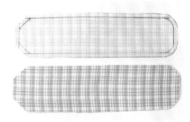

34 束帶布背面燙上薄布襯後，其中一片再燙上雙膠鋪棉。

30 將鋪棉的縫份修剪掉（不要剪到縫線），縫份剪牙口。

35 將12cm長的5mm寬鬆緊帶對摺，疏縫固定在有燙上鋪棉的束帶布正面指定位置。

31 再從返口翻回正面，整理好魚尾鰭形狀後，用熨斗整燙。

27 魚身前片與後片正面相對，魚尾鰭處留返口，其餘縫合一圈後，縫份剪數個牙口。

41　再用藏針縫法將小魚貼縫在束帶的另一端。縫合時，只需縫合一小圈即可。縫合的位置需距離束帶邊約2cm多的位置。

42　完成。束帶展開和束起來的樣子。

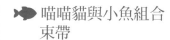 喵喵貓與小魚組合束帶

39　將喵喵貓背面朝上平放後，將束帶（有鬆緊帶這端）放在喵喵貓背面適當的位置，再用記號筆在貓背上畫出上下兩條縫合線的位置。

40　用藏針縫法依照剛才畫的記號線，將喵喵貓貼縫固定在束帶上。

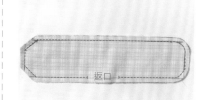

36　再與另一片束帶布正面相對，直線處留適當大小的返口，其餘縫合一圈。

37　將縫份的舖棉修剪掉後（不要剪到縫線），圓弧處和轉角處的縫份剪數個牙口後，從返口翻回正面。

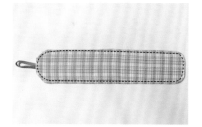

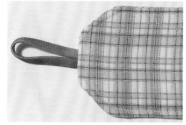

38　整理好束帶的形狀，並將返口處的縫份內摺，藏針縫合返口。最後沿著束帶邊壓線一圈，完成束帶製作。
＊若要束起的窗簾或門簾較粗或較細時，可自行將束帶紙型從中間增加或減掉成適合的長度。

Zakka 風螢幕鍵盤防塵組

〔保護螢幕跟鍵盤乾淨的大英雄。〕

灰塵大軍來襲總讓螢幕看不清，鍵盤髒兮兮，該怎麼辦？不用擔心，防塵大英雄來了！

身著棉麻布配上小碎花的拼接，繡著 Monitor 與 Keyboard 的勳章，只要有他們在，灰塵大軍將無法入侵，

讓你的螢幕跟鍵盤保持乾乾淨淨。

— 製作示範／游嘉茜　編輯／兔吉　攝影／詹建華

完成尺寸／鍵盤蓋布：長 14cm× 寬 45cm

螢幕防塵布：長 65cm× 寬 44cm

難易度／➤➤ ➤➤

Profile

游嘉茜

日本香蘭女子短期大學服裝設計系畢業
日本手藝普及協會手縫指導員
NO.185 拼布手藝通信雜誌 Modern block design contest設計
比賽-original 部門作品刊登
想要做出屬於自己喜歡的「可愛糖果色系」的拼布風格，加上
也喜歡各式可愛雜貨，就跟妹妹一起開設了「Quilt Pink雜貨
拼布手作教室」至今。

Quilt Pink 雜貨 拼布手作
店址：台北市士林區大東路120號2樓
電話：02-2883-3940
FB搜尋：Quilt Pink雜貨 拼布手作
QB小舖：https://shopee.tw/quilt_daisuki

Materials

鍵盤蓋布：
主要材料：各式拼接用布片（請參考下方配置
圖）、表布（14×45cm）×1片、底布（14×45cm）
×1片、水兵帶（14cm）×2條。

螢幕防塵布：（示範作品適用於19吋電腦螢幕）
主要材料：各式拼接用布片（請參考下方配置
圖）、表布（25×44cm）×1片、底布（65×44cm）
×1片、水兵帶（44cm）×2條。

使用工具：刺繡針、繡線、手縫針、手縫線、水消
筆、縫紉機。

※以上數字尺寸皆未含縫份。

英文字：高 1.5cm× 寬 2cm   ↓水兵帶

5.5cm

40cm

65cm

~~ MONITOR ~~

直徑
7cm

7cm
—7cm—

7×7cm

7×7cm

1cm

25cm

44cm

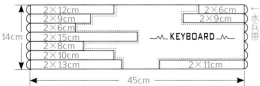

2×12cm   2×6cm   ←
2×9cm   2×9cm   水
2×6cm   兵
2×15cm   ~~ KEYBOARD ~~   帶
2×8cm
2×10cm
2×13cm   2×11cm

14cm

45cm

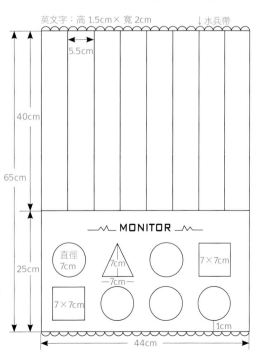

🐟 鍵盤蓋布

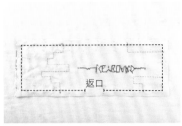

8 將表布與底布正面相對,記得一側需預留返口,車縫一圈。

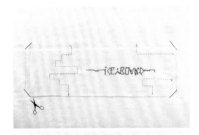

9 修剪四個邊與四個角落的縫份,接著從返口翻回正面,用藏針縫縫合返口。

10 將水兵帶依配置圖擺放在左右兩側,手縫固定水兵帶。

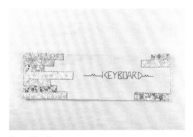

|| 完成。

5 英文字單個尺寸高1.5×寬2cm。

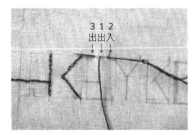

3 1 2
出 出 入

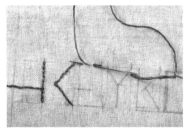

6 取刺繡針與3股繡線,將英文字母以回針繡的作法完成。

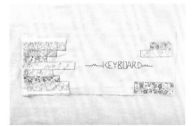

7 一樣取3股繡線,用平針繡將貼布縫沿邊繡上裝飾線。

| 製作各式拼接布片的紙型並裁好布片。

2 用水消筆在表布上,畫出貼布縫的位置。

(背面)

(正面)

3 將拼接布片翻至背面,依序排好手縫固定,把縫份倒向同一側。

4 使用貼布縫的作法將步驟3縫好的區塊固定在表布上。(貼布縫作法請參考後方教學)。

10 用藏針縫縫合返口,接著將水兵帶依配置圖放在上下兩端,手縫固定水兵帶。

11 完成。

🐟 貼布縫教學

在布片的正面加上0.5cm左右的縫份並畫好記號線,接著將布片放置在表布上,沿著記號線以手縫針的尖端摺疊縫份,用藏針縫縫好。

6 將拼接布片翻至背面,依序排好車縫固定,再把縫份倒向同一側。

7 將表布與步驟6完成的區塊正面相對,車縫固定。

8 將步驟7完成的表布與底布正面相對,其中一側需預留返口,車縫一圈固定。車好修剪四個邊與四個角落的縫份,從返口翻回正面。

9 如圖在拼接處壓一道0.1cm的臨邊線。

🐟 螢幕防塵布

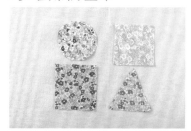

1 製作各式拼接布片的紙型並裁好布片。

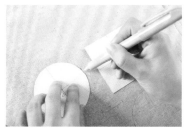

2 利用紙型在表布上畫出貼布縫的位置。

3 使用貼布縫的作法將拼接布片手縫在表布上。(貼布縫作法請參考後方教學)。

4 取刺繡針與3股繡線,用平針繡將貼布縫沿邊繡上裝飾線。

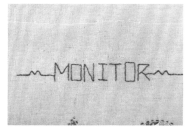

5 同鍵盤蓋布製作步驟5與6,將英文字母刺繡完成。

 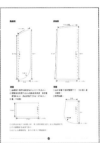  

出遊
實用防水包

夏日就想去有水的地方旅遊，
將美觀又實用的防水包帶出門吧！

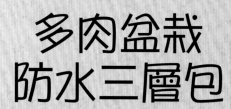

多肉盆栽
防水三層包

色彩粉嫩繽紛的多肉盆栽布除了可愛外,同時兼具實用的功能,貼心的三層分隔設計,收納更靈活、更好取用!夏日的休閒時光就該帶著心愛的手作美包開心出遊去。

設計製作／胖咪 · 吳珮琳　編輯／Forig　成品攝影／詹建華
完成尺寸／最寬 25cm× 最高 28cm× 底最寬 16cm
難易度／☂☂☂☂☂

Profile
胖咪 · 吳珮琳

熱愛手作,從為孩子製作的第一件衣物開始,便深陷手作的美好而不可自拔。
2010 年開始於部落格分享毛線、布作、及一些生活育兒樂事,也開始專職手工布包的客製訂作。
2012 年起不定期受邀為《玩布生活雜誌》製作示範教學。
2015 年與 kanmie 合著《城市悠遊行動後背包》一書。

Xuite 日誌:萱萱彤樂會。胖咪愛手作
FB:吳珮琳 https://www.facebook.com/wupangmi

Materials
紙型 B 面

側邊看有 2 個包的容量,3 個拉鍊分隔層設計,好看又實用。

用布參考:(表布)軟質防水布、(裡布)防潑水壓棉布、(口袋)尼龍防水布。
此包表布使用日本軟質防水布,裡布則是使用有厚度的防潑水壓棉布,配合起來輕挺有型,但要考慮部份接合處您的縫紉機是否車得過去,可視情況將部份的內裡,或全部的內裡換成較薄的尼龍防水布。

裁布:

前袋身表布	紙型 A1	1	
	紙型 A2	1	
拉鍊口布	(1)7×38cm	表 1、裡 1	
前袋身裡布	紙型 A1+A2	1	

(按位置擺好後,先畫出外圍線條,再畫一圈縫份即可)

口袋布	(2)16×30cm	1	12cm 拉鍊用
袋蓋布	紙型 B	表 1、裡 1	
中間袋身表布	紙型 C1	1	
	紙型 C2	1	
拉鍊口布	(3)9×38cm	表 1、裡 1	
隔層裡布	紙型 C3	1	
中間袋身裡布	紙型 C1+C2+C3	1	

(按位置擺好後,先畫出外圍線條,再畫一圈縫份即可)

後袋蓋	紙型 D	表 1、裡 1	請注意裁片方向
後袋身	紙型 E	表 1、裡 1	
口袋布	(4)19×40cm	3	15cm 拉鍊用
後袋身格層布	紙型 F	2	

袋身後方有袋蓋式拉鍊口袋,裝飾效果更加分。

其他配件:
3V 定吋拉鍊(35cm×2 條、50cm×1 條、12cm×1 條、15cm×3 條)、3cm 塑膠口型環 ×4 個、3cm 塑膠日型環 ×2 個、3cm 尼龍織帶(10cm×4 條、220cm×1 條)、隱形磁扣 ×2 組(共 4 個)。

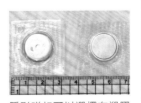

隱形磁扣可以選擇有塑膠布包起來的樣式,不只有保護作用,也可以直接車縫於布上。

※ 紙型未含縫份,請另加 1cm 縫份,數字尺寸已含 1cm 縫份。

後袋身拉鍊拉開,裡面還有拉鍊口袋,隱密性能佳。

HOW TO MAKE

製作前袋身

②一般底角：
用在裡布，以減少車縫厚度。

①特殊摺底角：
用在表布，使包底獨特有型。

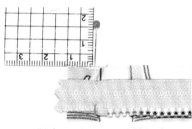

01 取 35cm 拉鍊與拉鍊口布表 (1)，彼此正面相對，中點對齊，離邊相距 0.5cm 疏縫。

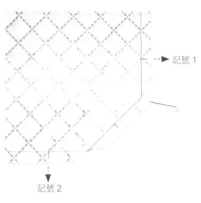

→ 記號 1

記號 2

01 依紙型描繪並做上記號。

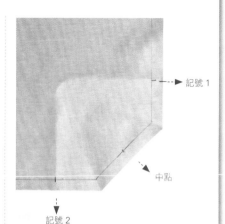

→ 記號 1

中點

記號 2

01 依紙型描繪並做上記號。

02 對齊原則是不要讓拉鍊齒在縫份範圍內。

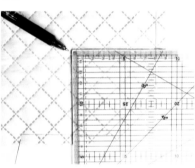

02 直角尺的兩邊對齊記號 1 與記號 2，畫下來。

02 記號 1 往中點對齊。

03 取拉鍊口布裡 (1) 與之正面相對，車合起來。

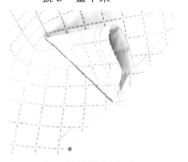

03 畫下的線條對齊車合。

03 記號 2 再往中點對齊，疏縫好即可。

(1)

(3)

04 翻回正面後壓線固定。另一組 35cm 拉鍊與表裡拉鍊口布 (3)，做法一樣，一起車縫好備用。

05 前袋身表布 A1 和 A2 正面相對車合起來。

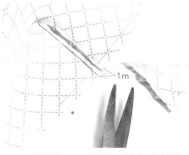

1m

04 留下 1cm 縫份，剪去多餘的布即可。

15 再將拉鍊口布縫份與內裡縫份對齊好。

16 最後把表布縫份也對齊好。

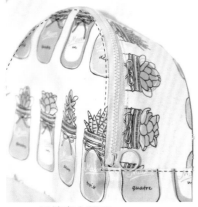

17 壓線車合即可。

18 表裡布底角摺好後,邊緣疏縫起來。

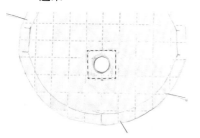

19 袋蓋裡布依紙型 B 位置,車縫好一個隱形磁扣。

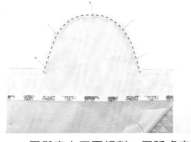

11 再與表布正面相對,圓弧處車合起來。

12 在轉角處剪一道牙口,注意不要剪到拉鍊布,也不要剪破轉角布。

13 將圓弧處縫份剪鋸齒狀。

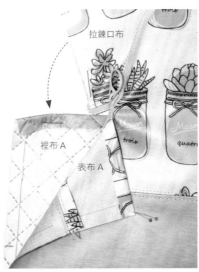

拉鍊口布

裡布 A

表布 A

14 翻回正面的樣子,並將表裡 A 縫份摺入。

06 將縫份往兩側刮開後,翻回正面壓線。

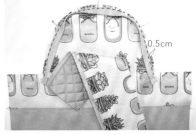

0.5cm

07 拉鍊口布(1)的另一側拉鍊布,與前袋身上緣正面相對,離邊相距 0.5cm,先抓出中點對齊,再順著弧度疏縫起來。

08 對齊原則也是不要讓拉鍊齒在縫份範圍內。

09 取 12cm 拉鍊與口袋布(2),於前袋身裡布車縫一字拉鍊口袋。

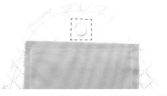

10 翻至背面,上方依紙型 A 標示處,車上一個隱形磁扣。

29 翻回背面，將前袋身縫份也剪出一圈牙口，縫份全倒向中間袋身，用布用雙面膠暫時黏合。

30 翻回正面，壓線一圈固定。（起針處於袋底開始會比較美觀）

31 再翻回背面，於前袋身縫份處貼一圈布用雙面膠。

32 如圖貼上隔層裡布 C3。

33 翻回正面，於前袋身與中間袋身的接合處車合一圈，以固定隔層裡布 C3。

製作中間袋身 ☆

24 袋身表布 C1 和 C2 正面相對車合。

25 將縫份往兩側刮開後，翻回正面壓線。

26 縫份處剪一圈牙口。

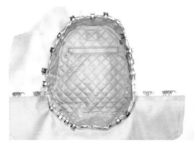

27 往內置入前袋身，縫份與之對齊，再抓出彼此上、下中點先對齊好，強力夾暫固定。

28 再仔細地將前袋身、中間袋身圖案布片接合處對齊好，車合起來。

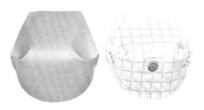

20 依紙型 B 單摺記號將表裡布打摺好疏縫。

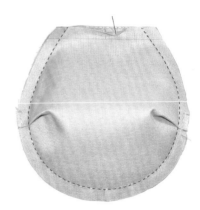

21 表裡布正面相對，打摺處縫份錯開，上方留返口，其餘車合起來。

22 圓弧處縫份剪鋸齒狀後，翻回正面，沿邊壓線即完成袋蓋。

23 將袋蓋疏縫於前袋身後上方中央處。前袋身完成。

44 接著按照一字拉鍊口袋的一半做法，將拉鍊框剪開後，翻入口袋布摺好，於下置放好 15cm 拉鍊。車縫拉鍊時如圖，袋蓋先向上翻，順序先從側邊車起。

45 袋蓋翻回正面，接著車縫上邊。

46 翻至背面，找出磁扣位置，先做個記號。

47 依著記號，在口袋布背面車縫好一個隱形磁扣。

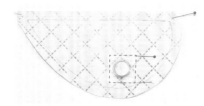

39 後袋蓋裡布依紙型 D 位置，車縫好一個隱形磁扣。

40 表裡布正面相對車合，上方留返口。

41 圓弧處縫份剪鋸齒狀，翻回正面，沿邊壓線即完成後袋蓋。

42 於後袋身表 E 找出一字拉鍊口袋位置之中線（預先將拉鍊框畫於背面比較好找），將後袋蓋正面對齊於拉鍊口袋之中線，並疏縫固定。

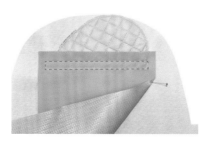

43 取一片口袋布 (4) 與後袋身正面相對，依拉鍊位置車縫拉鍊框。

34 取 10cm 織帶穿過口型環，對摺後如圖車縫固定，完成 4 個備用。

35 取 2 個口型環，彼此間隔 6cm，車縫於拉鍊口布 (3) 中央。

36 拉鍊口布 (3) 的另一側拉鍊布，與中間袋身上緣正面相對後，彼此相距 0.5cm，抓出中點對齊，順著弧度疏縫起來。

37 再與裡布正面相對，圓弧處車合起來。

38 參照步驟 11-18，車好中間袋身。最後將另 2 個口型環，如圖車於袋身兩側。

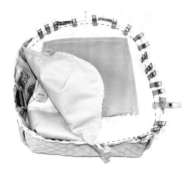

57 將中間袋身往內拗摺,與後袋身正面相對,對齊好車合起來,無須留返口。

58 車好後直接翻至另一面繼續,取另一片隔層布 F,裡布面相對車合,由於袋身此時已有膨度,所以車合時,先從下方中點往上車。

59 再車合另一側,上方返口要留大一點,會比較好翻。

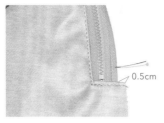

52 車好後如圖會有 0.5cm 的間距。

53 依紙型 E 單摺記號,將表裡布打摺好,打摺處縫份錯開,疏縫起來。

54 取 15cm 拉鍊與口袋布 (4),於後袋身隔層布 F 車上一字拉鍊口袋,一共完成二片。

55 將袋身 E 置於隔層布 F 上,對齊好車合,完成後袋身。

56 只有拉鍊布的部份與 F 會有 0.5cm 的間距。

48 將口袋布向上摺半,車縫好三邊即完成口袋。

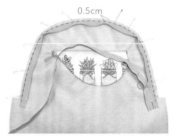

49 取 50cm 拉鍊,與後袋身 E 上緣正面相對,彼此相距 0.5cm,先抓出中點對齊,並順著弧度疏縫。

50 再與裡布 E 正面相對,圓弧處車合起來。

51 參照步驟 12-17,車好袋身 E。

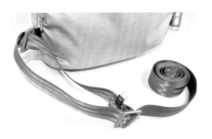

63 取220cm織帶，穿過日型環後再穿過袋身的一側口型環，再穿回日型環固定。

60 底角縫份剪牙口後，翻回正面。

64 織帶另一側，如圖穿過袋身上方兩個口型環後固定。這裡會形成提把狀。

61 將返口縫份摺入後對齊好，暫時用布用雙面膠，與對面縫份黏合起來。

65 繼續穿過日型環後，再穿過袋身的另一側口型環，最後穿回日型環固定。

62 翻至另一面下針車合起來。車壓此線時可儘量車長點（超出返口長度），藉此壓住內縫份讓拉鍊更好拉，儘量車到壓布腳已經車不到的地方。由此面車合會比較美觀，另一面因為有拉鍊口布擋著，車不漂亮沒關係。

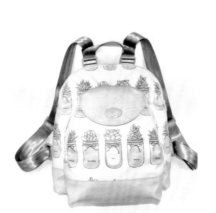

66 黏上防水皮標，完成。

甜滋滋彩糖球
防水後背包

〔才貌兼備的好朋友。〕
造型可愛不用說，防水材質是她最厲害的絕活。
不論是平常上班上課遇到的下雨天，
或是出遊到玩水景點都不怕！
有拉鍊當守門員不怕東西被看光光，
外身小口袋可放隨身小物好方便。

製作示範／LuLu
編輯／兔吉
成品攝影／詹建華
完成尺寸／長 30cm × 高 26cm × 底寬 10cm
難易度／☂☂☂

Profile
LuLu

熱愛手作生活並持續樂此不疲著，
因為”創新創造不是一種嗜好，而是一種生活方式。”
原創手作包教學 / 布包皮包設計繪圖
著作：《職人手作包》，《防水布的實用縫紉》
雜誌專欄：Cotton Life 玩布生活，Handmade 巧手易
媒體採訪：自由時報、Hito Radio、MY LOHAS 生活誌……

FB 搜尋：LuLu Quilt - LuLu 彩繪拼布巴比倫
部落格：http://blog.xuite.net/luluquilt/1

Materials

紙型 A 面

表布（防水布）

表布 A	依紙型	1 片
表布 B	依紙型	1 片
袋蓋表布	依紙型	1 片
袋蓋裡布	依紙型	1 片
扣絆布	裁 8×6cm	2 片
拉鍊擋布	粗裁 4×3cm	2 片
後背短帶布	裁 6×8cm	2 片
持手布	裁 8.5×22cm	1 片

※ 如欲只用織帶當持手可免裁持手布。

裡布（尼龍布）

裡布 A	依紙型	1 片
裡布 B	依紙型	1 片

其他配件：

後背帶用織帶（寬 3cm× 長 75cm）×2 條、持手用織帶
（寬 3cm× 長 20cm）×1 條、35cm 拉鍊 ×1 條、扣絆
用 2cm 寬 D 環 ×1 個、扣絆用 2cm 寬問號鉤 ×1 個、
扣絆用 8mm 鉚釘 ×2 組、3cm 寬三角鉤環 ×2 個、3cm
寬問號鉤 ×2 個、3cm 寬日型環 ×2 個、厚布襯、2.5cm
寬人字帶。

※ 以上紙型未含縫份，數字尺寸已含縫份。除特別指定
外，縫份均為 1cm。

持手的製作

※ 如欲只用織帶當持手可直接跳至步驟 15。

11　取持手布對摺縫合成一管狀。

12　調整完成線至中線位置，攤開縫份並以骨筆壓整。

13　接著翻回正面，將織帶穿入。

14　兩側各壓車一道直線。

後背短帶的製作

15　先於短帶布反面畫一道中線，然後將兩長邊往中線摺入。

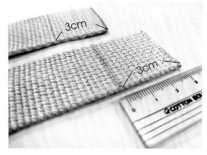

06　準備後背長織帶 2 條，分別在織帶一端入 3cm 的位置畫上記號線。

07　取第 1 條織帶，如圖夾入袋蓋內，將織帶上的記號線對齊袋蓋上邊的摺線。

08　開始壓車縫合。

09　依相同作法，夾入第 2 條織帶繼續壓車。

10　完成袋蓋和後背長織帶的組合。

袋蓋的製作和後背長織帶的組合

01　於袋蓋表布反面燙上不含縫份的厚布襯。

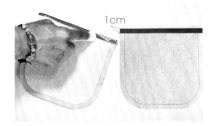

02　將袋蓋表布與袋蓋裡布的上邊縫份摺入 1cm。

03　袋蓋表布與袋蓋裡布正面相對，將 U 形邊對齊並車合。

04　圓弧邊的縫份修剪牙口。

05　由上邊開口翻回正面，於 U 形邊壓車臨邊線。

24 將後背短帶粗縫固定於表布 A 的下邊，從兩側入約 4cm 的位置。

裡布 A 和裡布 B 的製作

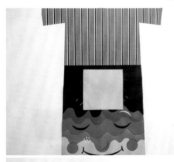

25 裡布 A 和裡布 B 可依喜好縫製內裡口袋。

全體的組合

26 取長 35cm 的拉鍊，於兩端車縫拉鍊擋布。

27 將拉鍊正面朝下，與表布 A 上邊貼齊，注意位置要置中。

表布 B 的製作

20 將袋蓋車縫二道線固定於表布 B 邊入 13cm 的位置，注意左右要置中。

21 接下來，將持手車縫固定於袋蓋下方中央位置（和袋蓋相距 2.5cm）。

22 將持手往上翻，壓車三道直線。

表布 A 的製作

23 依喜好縫製口袋於表布 A。

16 將兩側壓車臨邊線，共需完成 2 片。

17 接著穿入三角鉤環，將下端粗縫固定，完成後背短帶的製作。

扣絆的製作

18 同步驟 15 的作法，完成 2 片扣絆。將其中 1 片扣絆穿入問號鉤，如圖所示摺好。

19 接著將扣絆以鉚釘固定於袋蓋下邊中央位置。

38 以人字帶包覆縫份進行包邊。

39 後背帶先穿入日型環，接著穿入問號鉤，再往回穿入日型環，如圖摺二摺車縫二道線固定。

6cm

40 參考扣絆作法，取第2片扣絆穿入D環並摺好，以鉚釘固定於表布A上邊入約6cm的位置。可愛的後背包就完成囉！

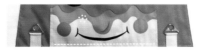

33 接著將B布往下摺，與A布下邊置中對齊（呈表布正面相對），由點車到點縫合。

34 下一步進行左右兩側的縫合。先以右側示範說明，從B布上邊的打角開始車合。

35 留意從端車縫到點為止。

轉角接合

36 接著繼續往下車。如遇到轉角接合點時先修剪牙口以利車縫進行。

37 依相同作法，將左側車合。

裡布A（背）

28 接著上方再疊上裡布A（正面朝下），一樣上邊貼齊。

裡布A（背）

29 如圖車合，即表布A與裡布A一同夾車拉鍊。

30 將裡布翻至表布後面，沿拉鍊旁壓車一道直線。

31 將表裡布A兩側與下邊粗縫固定。

32 同步驟27～31，將表布B與裡布B夾車拉鍊的另一邊並車合好它們的兩側與下邊。

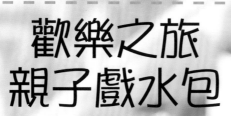

歡樂之旅
親子戲水包

炎炎夏日，最歡樂的親子活動，造訪孩子最愛的玩水勝地，玩水戲沙也不怕髒！超大容量多隔層的收納防水包，利用防水拉鍊搭配透亮的透明布，除了增添亮麗感外，防潑水又防髒汙。側邊拉鍊袋，拿取隨身物品好方便；內袋多隔層，分類收納好整理；超寬袋底大容量，是全家一起出遊不可或缺的包款之一！

設計製作／Kanmie・張芫珍　編輯／Forig　成品攝影／詹建華
完成尺寸／寬 55cm× 高 38cm× 底寬 28cm
難易度／☂☂☂☂☂

Materials

紙型 B 面

示範布：（使用防水布料，皆不需要燙襯。）
配色布：粉色荔枝紋帆布防水布、藍黑色荔枝紋帆布防水布。
圖案布：日本防水布、薄塑膠透明布。
裡布：POLY420D 尼龍裡布。
※ 註：此包款示範是利用薄塑膠透明布來增加日本防水布的挺度及獨特的亮澤感，另外也保護皮革有防潑防汙的效果。透明布可依個人喜好與使用的布料材質、厚度斟酌搭配使用。

裁布：※ 燙襯未註明＝不燙襯。數字尺寸已含縫份；紙型未含縫份，需另加縫份。
縫份未註明＝ 0.7cm。

表袋身

袋身前 / 後片	上：紙型 A1	2	粉
	中：紙型 A2	表 2、透明布 2	圖案布
	下：紙型 A3	2	粉
提掛布條	紙型 B	8	藍黑
側袋蓋	紙型 C	4	藍黑
側身布	上：紙型 D1	表 2	粉
	下：紙型 D2	裡 2	
側口袋	紙型 E	表 2、透明布 2、裡 2	圖案布
拉鍊擋布	① 3.2cm× ↕ 4cm	表 4、裡 4	藍黑
袋底	② 30cm× ↕ 59cm	1	粉
出芽布條	③ 2.5cm× ↕ 116cm	2	粉
拉鍊口布	紙型 F	表 2、裡 2	粉
隱藏蓋	紙型 G	4	藍黑
提把布	紙型 L	4	藍黑

裡袋身

袋身前 / 後片	紙型 H	2
拉鍊口袋布	紙型 I	4
拉鍊擋布	④ 3.2cm× ↕ 9cm	8
側身布	紙型 J	2
鬆緊口袋布	紙型 K	2
袋底	⑤ 30cm× ↕ 59cm	1
貼邊	⑥ 74.5cm× ↕ 3.5cm	表 2	粉
活動底板布	⑦ 57cm× ↕ 57cm	1

其它配件：

5cm 塑鋼 D 型環 ×4 個、5 號防水碼裝拉鍊（19cm×2 條、60cm×1 條、拉鍊頭 ×4 個）、5cm 尼龍碼裝拉鍊（40cm×2 條、拉鍊頭 ×2 個）、3mm 寬塑膠繩 115cm 長 ×2 條、T5 塑膠壓釦（面釦 12mm）×8 組、T8 塑膠壓釦（面釦 15mm）×4 組、1cm 寬塑膠管 52cm 長 ×2 條、1cm 寬尼龍裝飾帶 54cm 長 ×2 條、1.2cm 寬鬆緊帶 27cm 長 ×2 條、55×27cm 袋物專用底板 ×1 片、真皮皮標 ×1 片。

Profile
Kanmie 張芫珍

從小對手作充滿熱忱，喜歡嘗試不同手作領域。喜歡自己正在做的事，做自己喜歡做的事，與您分享生命中的感動！

2013 年 12 月《自由時報週末生活版 · 耶誕布置搖滾風》。
2014 年 1 月《自由時報週末生活版 · 新年月曆 DIY 童趣布作款》。
2015 年與吳珮琳合著《城市悠遊行動後背包》一書。
2017 年起不定期受邀為《Cotton Life 玩布生活雜誌》作品示範教學。

發現幸福的秘密。．．．
http://blog.xuite.net/kanmie/kanmiechang

防水拉鍊開口兩邊的隱藏蓋設計，安全包覆開口，加強防止水滴滲入。

兩側防水拉鍊袋，方便拿取隨身物品。加了袋蓋，雙重保護，不再擔心濕淋淋。

HOW TO MAKE

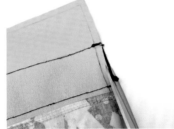

10 D 環處往上翻摺並對齊摺處記號線 b，依圖示沿邊車壓 0.2cm 三角形固定。其中上方來回車縫加強固定。再翻到背面修剪側邊多餘的部分。

11 同作法，於表袋身前片右上方對稱位置，車縫固定提掛布條。並依圖示間隔將左右兩側的提掛布條都標示裝飾鈕記號點。

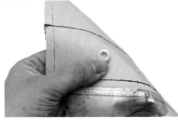

12 再於裝飾鈕記號點處安裝 T5 塑膠壓鈕。
※注意：此處塑膠壓鈕為裝飾鈕，可以不分公、母鈕。安裝時，利用錐子穿刺，不要用打洞的方式，塑膠壓鈕較為牢固。

製作提掛布條

06 取提掛布條 B 兩片，正面相對依圖示車縫，其中返口處不車，再用鋸齒剪修剪縫份。

07 翻回正面，將返口縫份內摺，沿邊車壓 0.2cm 固定。再依紙型標示位置，將摺處記號線 a、b 分別標示出來。

08 將提掛布條圓弧處套入 5cm D 型環，內摺對齊摺線記號 a，再翻到正面來回車縫加強固定。一共要完成四條。

09 提掛布條置於步驟 5 表袋身前片左上方圖示位置，沿邊車壓 0.5cm 到記號線 b 再繞回來布邊，將提掛布條車縫固定。
※注意：此處提掛布條正面朝下。

製作表袋身前 / 後片

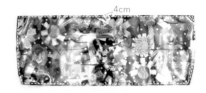

01 先將皮標縫固定於表袋身前片（中）A2 圖示位置，再將裝飾透明布疊放在表布正面，並將四周疏縫一圈固定。

02 A2 下方再與表袋身前片（下）A3 上方，正面相對車合。

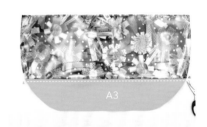

03 翻回正面，縫份倒向 A3，沿邊壓線 0.2cm 固定縫份，並修剪兩端多餘的縫份。

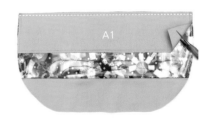

04 表袋身前片（中）A2 上方再與表袋身前片（上）A1 下方，正面相對車合。

05 翻回正面，縫份倒向 A1，沿邊壓線 0.2cm 固定縫份。同步驟 1～5，製作表袋身後片。

19　側袋蓋 C 兩片正面相對，車縫 U 型，上方為返口不車，並用鋸齒剪修剪縫份。

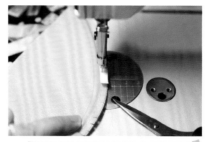

13　同步驟 9 ～ 12，將提掛布條車縫固定於表袋身後片，並安裝裝飾的塑膠壓釦。

20　翻回正面，壓線 0.2cm 固定。

16　修剪兩側多餘的出芽布，完成表袋身前片出芽。同作法，完成表袋身後片出芽。
※ 注意：此處因為示範布料幅寬的關係，使用的出芽布為直布紋，故車縫到有弧度或轉彎的地方，出芽布皆要剪牙口才會比較順。

製作出芽

14　取出芽布條③先對摺夾入塑膠繩疏縫，再置於步驟 13 表袋身前片右上方圖示位置，對齊剪掉多餘的塑膠繩。

21　將側袋蓋置中疏縫固定於側身布 (上)D1 的下方。

製作表側身與側口袋

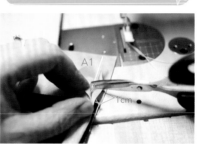

22　取步驟 18 的拉鍊，將拉鍊正面面向 D1，疊放在側袋蓋上，置中疏縫固定。※ 注意：此處拉鍊齒那面為背面。

17　防水碼裝拉鍊 19cm 先裝上拉鍊頭。※ 注意：防水拉鍊在穿拉鍊頭時，拉鍊齒那面為背面，與一般尼龍拉鍊不同唷！

15　再將上方往外側拉，從起始位置開始沿邊車縫到袋身另一端。並剪掉多餘的塑膠繩再車縫完成。

23　再將側身布 (下)D2 裡布與側身布 D1 正面相對，夾車拉鍊車縫固定。並修剪兩端多餘的拉鍊擋布。

18　再用拉鍊擋布①表、裡布正面相對，夾車拉鍊頭尾兩端，並翻正壓線固定。

32 另一側邊再與步驟 16 完成的表袋身後片，正面相對，車縫組合固定。

33 袋身翻回正面，完成表袋身。

製作拉鍊口布

34 拉鍊口布 F 表、裡布正面相對，夾車 60cm 防水碼裝拉鍊。※注意：防水拉鍊的拉鍊齒那面為背面，不要車顛倒了。

35 翻回正面，沿拉鍊邊壓線 0.2cm 固定。

36 取另一片拉鍊口布 F 表布與裡布，正面相對，夾車拉鍊另一側。

28 將 D2 裡布放下，並將口袋三邊表、裡一起疏縫固定。同步驟 17~28，完成另一邊表側身。

組合表袋身

②

29 將步驟 28 完成的表側身兩片與袋底②表布兩邊分別正面相對，車縫組合固定。

30 翻回正面，縫份分別倒向袋底②表布，沿邊壓線 0.2cm 固定縫份。

31 再與步驟 16 表袋身前片，正面相對，車縫組合固定。

D1
D2

24 將 D2 往下翻回正面，縫份倒向 D1，沿邊壓線 0.2cm 固定縫份。

25 取側口袋 E 表布，正面疊放上透明布後，四周疏縫固定。

E 裡布
E 裡布
E 表布

26 口袋布上方再與側口袋 E 裡布上方，正面相對，夾車步驟 24 拉鍊的另一側。

D2

27 翻回正面，將側口袋 E 表、裡布順好，下方齊邊用強力夾夾好。沿拉鍊邊壓線 0.2cm，將表、裡一起車壓固定。

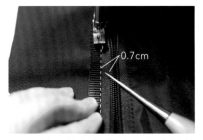

46 將尼龍裝飾帶邊緣對齊拉鍊的 0.7cm 縫份線,沿邊車壓 0.2cm 固定裝飾帶。

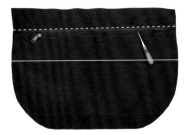

47 再將尼龍裝飾帶的另一側也沿邊車壓 0.2cm 固定。同步驟 42 ～ 47,完成裡袋身後片。

製作裡側鬆緊口袋 ⭐

1.5cm

48 鬆緊口袋布 K 依摺線處背面相對對摺,並於上方袋口車壓 1.5cm 固定。

1cm

49 從洞口先穿入 27cm 鬆緊帶,頭尾處各持出 1cm,再車縫固定鬆緊帶。並將口袋下方三邊疏縫固定。

製作裡袋身前 / 後片 ⭐

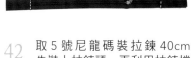

42 取 5 號尼龍碼裝拉鍊 40cm 先裝上拉鍊鍊頭,再利用拉鍊擋布④,兩兩分別正面相對,夾車拉鍊頭尾兩端,並翻正壓線固定。

43 再取拉鍊口袋布 I 兩片,正面相對,於口袋布上方置中夾車拉鍊,並修剪兩側多餘的拉鍊擋布。

44 翻回正面,將口袋布順好,下方齊邊,於拉鍊處沿邊壓線 0.2cm 固定。

H

45 再將拉鍊口袋 I 疊放在裡袋身前片 H 上,下方齊邊,車縫 U 型將口袋疏縫固定於 H。再將口袋上方拉鍊另一側,沿邊車縫 0.2cm 固定。

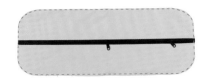

37 翻回正面,沿拉鍊邊壓線 0.2cm 固定。從兩端裝上拉鍊頭對拉,並將拉鍊口布表、裡沿邊疏縫一圈固定。

返口

38 隱藏蓋 G 兩片,正面相對,依圖示車縫固定,上方為返口不車。再用鋸齒剪修剪圓弧處縫份。

39 翻回正面,壓線 0.2cm 固定。同步驟 38~39,完成另一片隱藏蓋。

40 將兩片隱藏蓋分別置中疏縫於步驟 37 拉鍊口布頭尾兩端。

41 依隱藏蓋 G 紙型標示位置,安裝 T5 塑膠壓釦公釦,並於其對應位置安裝母釦。

58 貼邊⑥表布兩片,正面相對,車縫固定兩端。

59 翻回正面並將縫份打開,於兩側壓線 0.2cm 固定縫份。

60 再將貼邊⑥與步驟 57 的拉鍊口布表布正面相對,兩側邊中心點對齊,車縫一圈組合固定。

61 將縫份倒向裡袋身,並拉開口布拉鍊,由裡袋身內側沿邊壓線 0.2cm 固定縫份。

54 翻回正面,縫份分別倒向裡袋底⑤,沿邊壓線 0.2cm 固定縫份。

55 再與步驟 47 完成的表袋身前片,正面相對車合固定。

56 另一側邊再與步驟 47 完成的裡袋身後片,正面相對車合固定,完成裡袋身。

組合表裡袋身

57 將裡袋身與步驟 41 完成的拉鍊口布裡布正面相對,並將四個中心點對齊,疏縫一圈組合固定。

50 依圖示位置,將鬆緊口袋下方中心點及打摺記號點標示出來。再將口袋布疊放在裡側身 J 正面上方,先將口袋兩側與 J 疏縫固定。

51 將鬆緊口袋兩側下方與裡側身 J 下方齊邊,由外側往中心點依序夾好。口袋中心點與裡側身 J 對齊,依圖示將口袋下方打摺。

52 再將口袋下方與裡側身 J 車縫固定。同步驟 48 ~ 52,完成另一片裡側身。

組合裡袋身

53 將步驟 52 完成的裡側身兩片與裡袋底⑤兩邊分別正面相對,車縫固定。

71 先從記號線 c 開始車縫，再轉向沿邊車縫 0.5cm 到另一端記號線 c，並轉向車縫成一個ㄇ型框，將塑膠管包入車縫固定。一共會完成兩條提把。

72 將提把尾端套入步驟 65 表袋身的 D 型環，並對齊記號線 d 摺入，車縫固定。再將提把順好，車縫固定提把另一端。同作法完成另一側袋身提把。

73 於圖示位置利用錐子穿刺，分別於提把正面安裝 T8 塑膠壓扣公釦。（面釦為 15mm）

製作提把

66 提把布 L 兩兩正面相對，依圖示車縫一圈到兩端止縫點，返口處不車。

67 用鋸齒剪修剪兩端圓弧處縫份。

68 翻回正面，將縫份整理順好，先用強力夾夾好，再沿邊壓線 0.2cm 一圈固定縫份。

69 依紙型位置，將提把兩端分別標示車縫記號線 c 和 d。

70 提把對摺，於兩記號線 c 中間置中夾入 10mm 寬塑膠管 52cm 長，並用強力夾夾好。塑膠管頭尾約留 1cm 空隙。

62 將步驟 33 表袋身套入裡袋身內，表袋身袋口上方與貼邊⑥正面相對，車縫一圈組合固定，其中一側留約 30cm 返口不車。

63 翻回正面，將返口及縫份整理順好，用強力夾夾好。再沿邊壓線 0.2cm 一圈，連同返口一起壓線固定。

64 袋口處再往內側沿邊壓 1cm 裝飾線固定。

65 完成表、裡袋身組合。

78 拉開拉鍊，將活動式袋物底板置入袋身底部，完成。

74 再於後側對應位置安裝 T8 塑膠壓釦母釦，共會安裝四組。

▲隱藏蓋設計，可將拉鍊頭拉至同一側，使開口空隙更加密合。

▲包內隔層多，容量大，物品多也好收納。

製作活動式袋物底板

返口

75 將活動底板布⑦正面相對對摺，車縫兩側邊，並修剪底部兩端尖角縫份。

膠板

76 翻回正面，置入袋物專用底板。

77 將返口縫份內摺，並沿邊壓線 0.2cm 一圈固定。

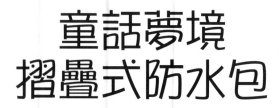

童話夢境
摺疊式防水包

布花樣是白雪公主的童話故事場景,用沉穩的
色彩詮釋,襯托出蘋果的鮮紅,有種神秘的美
感。包款摺疊式的設計,好收納不佔空間,別
具特色,撐起來的包型也十分可愛。

製作示範／郭珍燕
編輯／Forig
成品攝影／林宗億
完成尺寸／寬 20cm × 高 18cm × 底寬 12cm
難易度／☂☂☂

Profile

郭珍燕

·日本手藝普及協會手縫指導員
·日本余暇文化振興會機縫指導員
·日本余暇文化振興會英國刺繡講師
·小倉緞帶刺繡指導師

併布笙手工藝坊
桃園縣平鎮市金陵路 2 段 411 號
03-468-7297
www.wauwau.com.tw

Materials

用布參考：表布 2 尺、裡布 2 尺。

裁布：

表袋身	40×60cm	1
裡袋身	40×60cm	1
拉鍊口袋布	20×35cm	1
黑色滾邊布	5×17cm	2
拉鍊兩側擋布	4×6cm	2

其它配件：

2cm 寬織帶 40cm 長 ×2 條、2cm 寬 D 型環 ×2 個、5V 碼裝拉鍊 40cm 長 ×1 條（拉鍊頭 ×2 個）、12cm 拉鍊 ×1 條。

※ 以上數字尺寸皆已含縫份。

09 側面折好所呈現的樣子。

10 再將兩側車縫滾邊布。

11 滾邊布折好包住縫份後車縫固定。

12 撐起包型即完成。

05 取拉鍊兩側擋布,兩長邊往中心折,正面壓裝飾線 0.2cm。

06 再將擋布對折,分別車縫在拉鍊兩端固定。

袋身組合

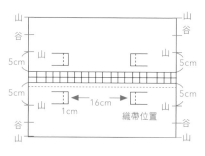

07 袋身兩側依圖示畫出山谷尺寸摺線。

08 袋身依山谷摺線摺好,強力夾暫固定後疏縫。

表裡袋身製作

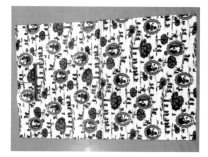

01 取表袋身,上方中心下 7cm 製作一字拉鍊口袋。

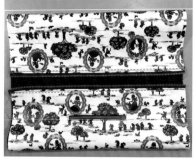

02 表裡袋身上下夾車碼裝拉鍊,並翻回正面壓線固定。

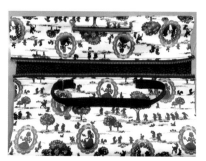

03 取 40cm 織帶,擺放在袋身中心左右各 8cm 位置,一端先套入 D 型環,兩端織帶內折車縫 1cm。

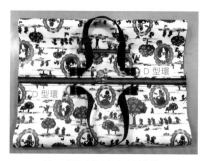

04 另一邊同作法車縫織帶,D 型環套入位置為左右兩邊錯開。

多功能
時尚書包

無論什麼年齡,是學生或上班族,
有款專屬的書包,讓學習更有效率。

SCHOOL BAG

時尚雙層
造型書包

製作示範／由美
編輯／Forig　成品攝影／張詣
完成尺寸／寬33cm×高22.5cm×底寬10cm
難易度／★★★★★

鮮豔的橘色素布搭配上藝術感十足的花布，
令人無法忽視它的存在。
大釦子的點綴裝飾，為包款增添不少亮麗感，
雙層不同造型的袋蓋設計，讓整體造型更特別，
精緻的五金和皮飾組合，展現出包款時尚又高貴的魅力。

Profile

由美

手作資歷 20 年，專長紙黏土工藝，麵包花工藝，
擁有日本 DECO 宮井和子 黏土工藝講師資格，曾開班授課教學。
近年鑽研布作，皮革手縫和車縫手藝，與版型打版設計。

yumi studio 由美手作工房

部落格 http://yumistudio.pixnet.net/blog
網站 http://www.coolrong.com.tw

Materials 紙型 Ⓐ 面

用布量：表布11號帆布3尺半，表裡厚棉布3尺半， 藍色牛皮90×15cm。

裁布：

※表布燙輕挺襯／特殊襯；裡布燙薄布襯。（表布如果是使用其他素材，就依需求調整燙襯）

表布

前後、中間袋身	紙型	4	2片燙輕挺襯，2片燙特殊襯，都含縫份，車好後縫份修掉。
側身	紙型	2	燙含縫份特殊襯，車好後縫份修掉。
袋身口袋	紙型	2	花布燙不含縫份特殊襯，素布不燙襯。
袋蓋A	紙型	2	花布燙含縫份輕挺襯＋不含縫份特殊襯，素布不燙襯。
袋蓋B	紙型正反開	2	素布燙不含縫份特殊襯，花布燙含縫份輕挺襯。

裡布

前後、中間袋身	紙型	4	燙含縫份薄襯
內上貼	38×6cm	4	（帆布顏色）不燙襯
側身	紙型	2	燙含縫份薄襯
一字拉鍊口袋a	7×25cm	1	使用20cm拉鍊
一字拉鍊口袋b	32×25cm	1	燙含縫份薄襯
貼式口袋	34×32cm	1	燙含縫份薄襯

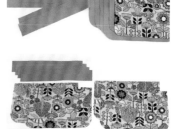

皮料（1.5mm厚植鞣皮）（不用拖皮糠）

袋底	紙型	2	（也可省略）
寬肩帶	紙型放大開	2	放大開黏好後裁成正確尺寸（也可用現成肩帶）
寬肩帶左右飾片	紙型放大開	4	放大開黏好後裁成正確尺寸
寬肩帶中間棉布	4.5×82cm	1	燙特殊襯2.5×78cm
側身D扣飾片a	紙型放大開	2	放大開黏好後裁成正確尺寸
側身D扣飾片b	紙型	4	

註解：（放大開後裁成正確尺寸）：皮依版型周圍放大3mm裁下，再貼上另一片皮，這時都
是放大3mm的尺寸，貼好雙層，待乾後，再依正確尺寸裁下，這樣裁下的皮邊緣才會漂亮
整齊，不會有殘膠。

其它配件：2.5cm掛鉤×2個、2.5cm D扣×2個、8×10mm鉚釘×12個、8×12mm鉚釘×4個、裝飾鈕釦×3個、五金鎖頭×1
組、隱形磁釦×1組、3號塑鋼拉鍊20cm×1條。

※以上紙型、數字尺寸皆已含1cm縫份。

10 翻回正面整理袋形,同作法完成表後袋身。

★ 製作表中間袋身夾層

11 取表中間袋身2片,燙上輕挺襯,依紙型畫出車線位置。

12 表中間袋身正面對正面,車縫畫好的車線位置。起頭結尾處要車三角形補強。

13 車縫好後,中間袋身會形成一個口袋。

14 中間袋身有1片先內摺用大頭針固定好,等等在組合時才不會車縫到。

5 從返口翻出後,用骨筆整理好,整燙,並於袋口車縫0.2cm壓線。

6 車好的口袋,放上表前袋身,畫出口袋位置,沿著口袋邊緣車縫0.2cm壓線。

★ 製作側身

7 拿出表側身,1.5mm厚牛皮依袋底版型裁剪,先用雙面膠固定在中間位置。

8 沿牛皮邊緣車縫0.2cm壓線。2份都先準備好。

9 將表前袋身和表側身對齊,夾子夾好車合。

★ 製作袋身口袋

1 取袋身口袋2片,畫好打褶的位置,並車縫好4個打褶處。

2 口袋正面對正面。

3 夾子夾好,車合夾子夾的地方,上方留返口。

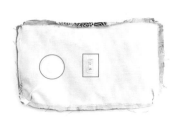

4 在還沒車口袋返口時,記得先裝上五金鎖頭,鎖頭旁邊依紙型記號位置車縫上隱形磁釦。

25 車好後會形成圖示的樣子。

26 打褶的地方車縫壓線。

27 車好後的口袋會形成立體口袋。（這樣就算口袋不大，拿東西也不會不好拿）

28 再車縫立體口袋三邊固定。

29 完成裡袋身一字拉鍊口袋和貼式口袋。

★ 製作裡袋身口袋

20 取1片裡袋身車縫好一字拉鍊口袋。

21 取貼式口袋先往上摺，上方留1cm，車合左右側邊。

22 翻回正面，整燙一下，上方車壓線，下方貼雙面膠，往口袋內摺好。

23 放到裡袋身上，中間車一道壓線。

24 翻成圖示樣子，在3cm的地方再車縫一道。

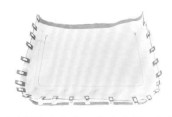

15 前袋身和中間袋身夾層正面對正面，夾子夾好車合。

16 上方俯視圖。

17 將上步驟翻回正面，再取後袋身蓋上車好的前袋身。

18 夾子固定好後車合。

19 車縫好翻回正面，會形成2個袋身。

39 車縫好後從返口翻出，整理袋形。

40 返口縫份裡面貼好雙面膠，往內摺黏好。

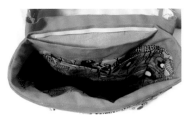

41 表面再貼上雙面膠黏好。

42 用夾子將開口處對齊固定，車合夾子夾的地方。

43 完成前袋身車縫。

34 車好後往上翻，縫份倒向上，沿邊車縫壓線一圈。

35 同作法完成另一個裡袋身。圖示為完成的表裡袋身。

★ 組合表裡袋身

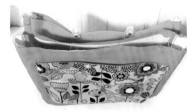

36 後袋身先依圖示內摺好，以夾子暫固定。（等下車合前袋身時才不會車縫到後袋身）

37 表袋身正面對正面放入其中一個裡袋身內。（因為表袋比裡袋大，慢慢放整理一下）

38 夾子固定好後，留一段大一點的返口。（沒夾夾子的地方就是返口）

★ 製作裡袋身

30 取1片有車縫口袋的裡袋身和1片沒車縫的，與1片裡側身。

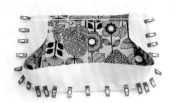

31 前後裡袋身分別和裡側身對齊車縫。

32 取內上貼，兩兩正面相對，車縫兩側，縫份燙開。

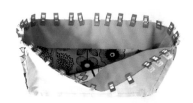

33 將內上貼與裡袋身上方正面相對，車合夾子夾的地方。

54 黏好袋蓋B，再用珠針固定好。

49 取另一組袋蓋B，花色和素色與A的配色是顛倒的（帆布會在上面），所以這邊是素色帆布燙不含縫份特殊襯，花色棉布燙含縫份輕挺襯就好。

44 同作法完成後袋身，形成2個包包袋身。

★ 製作袋蓋

55 車縫兩道固定線，完成袋蓋B。

50 袋蓋2片正面相對，車縫夾子夾的地方，上面留返口。

45 取袋蓋A，1片素色帆布，1片花色棉布。（素色帆布不燙襯，花色棉布燙含縫份輕挺襯後再燙不含縫份特殊襯）
※特殊襯的燙法是須從布的那面高溫熨燙。

56 袋蓋A是車縫在後袋身上。

51 返口處貼雙面膠。轉角的地方剪牙口。翻到正面前，依紙型記號位置縫上隱形磁釦。

46 袋蓋2片正面相對，車縫夾子夾的地方，上面留返口。

57 袋蓋貼上雙面膠，再用珠針固定好。

52 翻到正面，整燙一下。車縫0.3cm壓線。（最上面的地方慢著車）

47 返口處貼雙面膠，轉角的地方記得剪牙口。

58 一樣車縫兩道固定線，完成袋蓋A。

53 拿出袋身，在中間夾層，貼上雙面膠。

48 翻回正面，整燙一下，正面沿邊車縫0.3cm壓線。（最上面的地方慢著車）

69 和另一片皮，用強力膠黏好。2片黏好後，裁出正確尺寸。

70 在黏皮的時候，會怕弄髒，棉布可用油漆遮蓋貼紙先遮蓋好。（車好後再撕下）

71 寬肩帶車好皮邊緣的壓線，需抹上邊油。小片是寬肩帶左右飾片，也是2片用強力膠對黏再裁出正確尺寸，車好壓線後抹上邊油，準備2組。

72 飾片裝好掛鉤後，打上4顆8×12mm的鉚釘固定在寬肩帶兩端。

73 袋蓋縫好裝飾用大鈕釦後即完成。

64 袋側身畫上D扣飾片相對位置記號。

65 用8×10mm的鉚釘固定D扣肩帶飾片，小塊的D扣飾片是裝在袋子內的。
※因為皮片和布有點厚度，所以要用到10mm腳長的鉚釘。

★ 製作寬肩帶

66 取寬肩帶，1.5mm厚度的皮依版型放大開3mm，準備2片。

67 取寬肩帶中間棉布，燙上2.5×78cm特殊襯。燙好後上下用雙面膠黏好，前端左右往內摺好。

68 放到寬肩帶真皮上，用雙面膠暫時固定後，車縫壓線固定。

59 袋蓋左右兩邊打上鉚釘。

60 袋蓋A裝上五金鎖頭。

★ 製作側身D扣飾片

61 取側身D扣飾片a，1.5mm厚度的皮依版型放大開3mm。

62 穿好D扣後，對摺用強力膠黏好固定，畫出正確大小，再裁切正確尺寸。

63 將D扣飾片車好壓線，另外準備4片小塊的D扣飾片b，並打好洞。

LEMON SODA

簡約帆布肩背包

製作示範／SASA
編輯／兔吉
成品攝影／蕭維剛
完成尺寸／長30cm×高26cm×底寬10cm
難易度／★★★

〔陪你上課上班的好夥伴。〕

正面口袋可放票夾或隨身小物,有鎖釦保護不怕掉!

左右兩側來裝水壺或雨傘,炎炎夏日好實用。

嘿!包包容量怎麼樣?

幫你瞧瞧,裝進筆記本、筆袋還有錢包等物品都沒問題!

Profile

SASA

「喜歡布作的溫暖、讓日子變的美麗；喜歡隨意的創作，讓日子變的有趣。」這就是SASA的手作風格，擅長用繽紛可愛的配色創作出令人溫馨的作品。從2010年開始將手作與生活結合，多次參與雜誌和電視節目錄影。

2014年創立「Teresa House」工作室，專研布包作品以及布作教學。

2018年新創立設計品牌SASHA布作設計，"h" is hand, is home，Sasa＋h＝SASHA品牌精神就是希望大家能和SASA一起透過手作，創造出屬於自已美麗的生活。

FB搜尋：SASHA布作設計

Materials

主要材料：A布（黃色帆布）、B布（淺綠色帆布）、C布（深綠色帆布）。

裁布：

表布A（黃色帆布）

A1前外袋身	52×25cm	1片
A2後外袋身	32×25cm	1片
A3前口袋	60×18cm	1片
A4前口袋	30×21cm	1片
A5背帶	110×16cm	1片
A6掛耳	20×16cm	1片
A7包邊條	60×4cm	1片
A8包邊條	30×4cm	1片

表布B（淺綠色帆布）

B1袋底	32×12cm	1片
B2前裝飾布	52×5cm	1片
B3後裝飾布	32×5cm	1片

裡布C（深綠色帆布）

C1裡袋身	42×33cm	2片
C2裡口袋	42×18cm	1片

其他配件：6.5×5.5cm裝飾帶×1片、20×8cm皮袋蓋×1片、28×2cm皮條 ×2條、2.5cm D環×1個、鎖釦×1組、釘釦×4組、四合釦×1組。

※以上數字尺寸已含縫份1cm。

How To Make

★ 製作外袋身

9 將A1前外袋身與A4前口袋兩者下端中心點對齊,車縫凵字型固定。

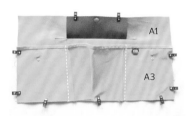

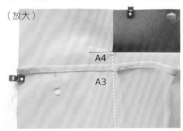

（放大）

10 取A3前口袋對齊A1的下端與左右兩側,對齊好車縫步驟5燙好的褶子。留意車縫左側的褶子時要往上車到上端的A4為止。

11 兩側口袋燙摺處往外翻平,依圖示車縫兩側與下端。

12 安裝鎖釦的釦環在皮袋蓋上。

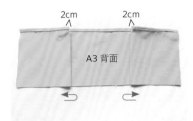

5 接著依步驟4車好的車縫線往外翻摺2cm,燙好備用。

★ 製作 A4 前口袋

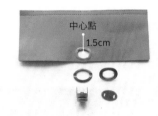

中心點
1.5cm

6 以皮袋蓋距離中心點下端1.5cm的地方為中心,畫上鎖釦釦環的位置,用錐子及剪刀將洞穿好。

7 將皮袋蓋固定在A4前口袋上,接著取包邊條放在上端車縫。

A4 背面

1cm   1cm

8 翻至背面,將左右兩側各往內摺燙1cm。

★ 前置作業:準備包邊條

取包邊條A7、A8先畫出中心線,再將上下側往中心線對摺兩次,摺燙好備用。

★ 製作 A3 前口袋

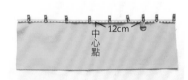

2 取裝飾帶左右內摺兩次再對摺,用強力夾夾好備用。

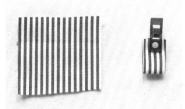

12cm
中心點

3 將裝飾帶穿入D環如圖示擺在A3前口袋上,接著拿包邊條放在上端車縫固定。

18cm   18cm

4 翻至背面,從左右兩側各抓18cm往中心摺,用熨斗燙好並於摺處車縫後翻回正面。

20 將袋底四邊的中心點與外袋身對齊並車縫一圈。記得車到轉彎處的轉角接合點時先回針,接著將壓布腳抬起,轉好方向後再將壓布腳放下繼續車縫。

21 將縫份攤開燙平,修剪四個角落的縫份,翻回正面完成外袋身。

★ 製作裡袋身

C2 正面

22 C2裡口袋布上端往正面摺2cm兩次,依圖示車縫兩道線固定。

A6

1.5cm

16 取A6掛耳左右內摺再對摺,車縫兩側。接著再取間隔1.5cm車縫兩道。背帶做法相同。

4cm 2cm   2cm 4cm

17 將A6穿入日型環後依圖示固定在A1上,記得上端預留2cm不要車。背帶做法相同。

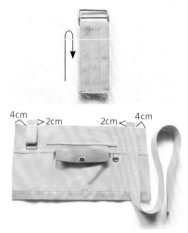

18 A1前外袋身與A2後外袋身正面相對,車縫固定後將縫份往兩邊攤開並整燙。

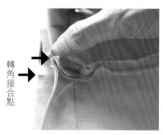

轉角接合點

19 找出袋身底部四個轉彎車縫處,將車縫處往上修剪0.8cm,作為轉角接合點。

2cm 2cm
10cm 10cm

13 依圖示在A3上畫好十字記號,接著用錐子穿洞,安裝上鎖釦的轉鎖。

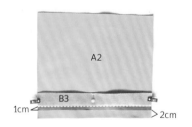

A2

B3

1cm 2cm

14 將B3後裝飾布放在A2後外袋身下方,依圖示車縫固定。

15 車好將縫份往下倒放,壓一道臨邊線。重複步驟14~15完成A1前外袋身。

中心點
1cm（四合釦用）

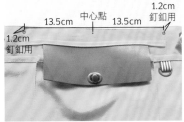

1.2cm
釘釦用
13.5cm 中心點 13.5cm
1.2cm
釘釦用

31 依圖示在外袋身前後兩面各穿好三個洞。

32 先安裝位於中心點的四合釦，接著再用釘釦固定住皮條，包包就完成了！

★ 組合袋身

返口

27 將外袋身與裡袋身正面相對，上端記得預留返口，車縫一圈固定。

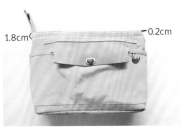

1.8cm ~0.2cm

28 從返口翻回正面，依圖示在外袋身壓上兩圈裝飾線。

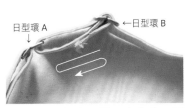

日型環 A ←日型環 B

29 將背帶穿入掛耳上的的日型環A，如圖再往回穿入背帶上的日型環B，摺一摺後車縫固定。

0.5cm

30 在皮條距離兩側0.5cm中央處穿洞。

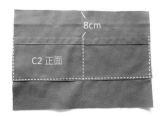

8cm
C2 正面

23 接著將C2下端往反面摺1cm，依圖示車縫凵字型固定在C1裡袋身上，中間再車一道形成隔間口袋。

24 C1裡袋身2片正面相對，車縫凵字型。

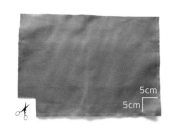

5cm
5cm

25 左右下端各畫一個5×5cm的正方形，畫好沿線剪開。

26 將側邊縫份攤開，對齊好車縫，完成底角。

MAP PACK
環遊世界地圖包

製作示範／蔡愛琳　編輯／Forig
成品攝影／張詣
完成尺寸／寬33cm×高22cm×底寬12cm
難易度／★★★★

世界地圖的布花樣讓人嚮往能踏上每一片土地,與各國美景相遇,開拓更深更廣的視野。前口袋與袋蓋造型的設計,讓包款更具質感,上方扣耳裝飾除了美觀外,還能增加一層防護,使整體搭配協調,卻又與眾不同。

Profile

蔡愛琳

從小熱愛縫紉與編織，一直熱衷學習與成長，熱愛手作永不間斷，無論遇到什麼困難，繼續永往直前。

學歷：能仁家商服裝科畢
證照：女裝甲乙丙級、電繡丙級
經歷：龍潭女子監獄 娃衣編織班講師
　　　崇右技術學院時尚造型科講師

Ailin 手作工坊
桃園市楊梅區裕榮路 180 巷 1 弄 28 號
03-4201914　0911303407

Materials　紙型 Ⓑ 面

用布量：印花主布約2.5尺、素色帆布約2尺，輕挺襯48×14cm、厚布襯約2.5尺、薄襯30×15cm、裡布2.5尺。

裁布：

印花主布

前後袋身	紙型	2	燙厚布襯
前袋蓋	紙型	2	表層貼輕挺襯，裡層貼薄襯
上側身（前）	8×46cm	1	燙厚布襯
前口袋出芽斜布條	3×50cm	1	
下側身	14×6cm	1	燙厚布襯
D型環掛耳布	8×6cm	2	

素帆布

前口袋布	紙型	1
前口袋側身布	4.5×49.5cm	1
袋身出芽斜布條	3×11cm	2
磁扣耳布	紙型	2

裡布

前後袋身	紙型	2	
前口袋布	紙型	1	
前口袋側身布	4.5×49.5cm	1	
上側身（前）	8×46cm	1	
下側身	14×6cm	1	
袋底發泡棉包布	15×57cm	1	
後口袋拉鍊布	23×25cm	1	
裡口袋拉鍊布	23×25cm	1	
裡口袋布	19×31cm	1	（有紙型標示）

其它配件：1.8cm寬斜背帶×112～127cm、大方片合金包蓋扣×1組、5號碼裝金屬拉鍊雙頭46cm×1條、5號碼裝金屬拉鍊23cm×1條、3號口袋拉鍊20cm×1條、18mm撞釘磁扣×2個、棉繩約270cm、EVA發泡墊12×26cm×1片、2.5cm D型環×2個。

※以上紙型未含縫份，請外加1cm，數字尺寸已含1cm縫份。

How To Make

9 翻回正面，縫份倒裡布壓線。

10 再將前口袋正面相對車合，下方留一段返口。返口翻回正面後藏針縫合。

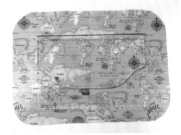

11 取表袋身，依紙型畫出袋蓋和口袋位置，並擺放上袋蓋，上方疏縫一道。

12 將袋蓋往上翻摺，再車縫0.5cm一道，壓車住剛才的疏縫線。

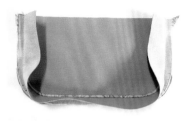

5 再取前口袋側身布與口袋布對齊接合，弧度處剪牙口。

6 翻回正面備用。

7 取裡前口袋和裡口袋側身正面相對車合，弧度處剪牙口。

8 將表裡前口袋對齊，上方袋口處車合。

★ 製作前口袋

1 取前袋蓋2片，分別燙好襯，正面相對依圖示車縫，弧度處剪數個牙口。

2 將袋蓋兩邊下緣的縫份往上折，兩邊車縫後修剪縫份以便翻面。

3 翻回正面，沿邊壓線0.5cm固定。

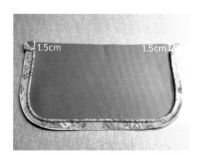

4 取前口袋出芽斜布條、棉繩和前口袋布，袋口下1.5cm處沿邊車縫出芽。

62

20 再將表裡上側身布對齊,沿邊疏縫固定。

21 取袋底發泡棉包布對折,如圖車縫一道。

22 將縫份攤開並移至中間,塞入12×26cm發泡墊,兩邊疏縫固定。

16 翻回正面後壓線0.5cm固定。

17 取D型環掛耳布對折車縫,縫份移至中間並燙開。

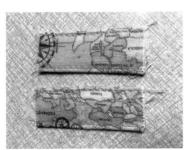

18 翻回正面,兩邊壓線固定。

19 將掛耳布穿過D型環對折,固定在拉鍊左右兩端。

13 取出車好的前口袋,依畫線位置對齊擺放,用珠針別好,沿邊車縫0.1cm固定。

14 在袋蓋與口袋相對應位置,安裝上大方片合金包蓋扣,完成前口袋。

★ 製作袋口拉鍊與袋底

15 將拉鍊齒左右拔除1.5cm,取表裡上側身夾車拉鍊0.5cm。

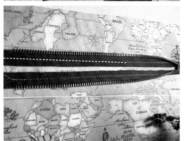

31 先車縫一段後斷線，將拉鍊頭拉到底，再繼續車縫結束。

←裡口袋

32 翻到背面，裡口袋布擺放在拉鍊下方對齊，先車縫拉鍊下邊一道。翻回正面，沿邊壓線三邊。

33 再將口袋布對折，對齊至拉鍊上邊，如圖車縫固定。

27 車縫到轉角時車針先壓著布，沿著拉鍊邊剪開口，轉角時剪斜角到車針壓住的點。

28 轉方向繼續車縫至另一邊轉角處回針斷線。

29 一樣剪斜角到斷線的點。

30 轉拉鍊至另一邊車縫。

23 取裡下側身，將袋底發泡棉包布置中擺放，車縫兩長邊。

24 表裡下側身如圖示夾車上側身短邊。

25 翻回正面壓線0.5cm固定，完成兩邊。

★ 製作後袋身拉鍊口袋

26 取20cm拉鍊與後袋身，袋身中心往下6cm位置擺放一字拉鍊口袋，拉鍊正面朝下，先車縫一邊。

42 翻至表袋身正面,在耳布與袋身上方對應位置安裝撞釘磁扣。

43 完成。

38 取磁扣耳布對折車縫好,翻回正面壓線固定。完成2片。

39 表後袋身與車好的側身正面相對,依紙型標示位置夾車磁扣耳布,車縫一圈固定。

40 再取裡袋身蓋上,對齊剛車縫表袋身的側身邊,車合一圈,下方留15cm返口。

41 翻回裡袋身正面後,同作法完成側身另一邊與另一片表裡袋身的車縫。最後用藏針縫合返口。

34 翻回正面,上方壓線,並將裡口袋布兩側車合。完成一字拉鍊口袋。

35 後袋身外圍車縫出芽一圈。

★ 製作裡袋身與組合

36 取裡袋身製作立體口袋。(有附紙型壓線位置)

37 另一片裡袋身製作拉鍊口袋。
※裡口袋可依個人需求與喜好製作。

SHOULDER BAG

夢幻多功能
肩背包

製作示範／劉家齊　編輯／Carol
成品攝影／詹建華
完成尺寸／寬25.5cm×高30cm×底寬15.5cm
難易度／★★★★

多功能的袋包設計，搭配療癒可愛的印花布料，打破書
包的單調印象。可變化的袋型應用，內附小包的設計，
不僅可以俐落的袋型辦公，亦可以變化的造型出遊，更
能夠拆卸小包輕鬆外出。

Profile

劉家齊

從小家裡就有一台縫紉機，小時候總是幻想著自己能做出美麗的衣服；因為喜歡獨一無二，而選擇了手作這條路，希望能在手作這條路上一直堅持下去，將美麗的作品帶給喜歡手作的人。
曾在喜佳縫紉擔任才藝老師

Materials 紙型 C 面

用布量：表布3尺、裡布3尺、厚布襯3尺、薄布襯3尺、小牛皮6才（可用酒袋布取代）。

裁布：

表布

袋身	32×37cm	2片（燙厚布襯）
外口袋袋身	紙型	2片（一燙厚布襯、一燙薄布襯）
外口袋側身	43×4cm	2片（一燙厚布襯、一燙薄布襯）
側身拉鍊擋布	3×2.5cm	2片
內袋袋身	39×24cm	2片（燙厚布襯）

裡布

袋身	32×37cm	2片（燙薄布襯）
貼式口袋	34×30cm	1片（燙薄布襯）
一字拉鍊口袋	40×25cm	1片（燙薄布襯）
側身	紙型	2片（燙薄布襯）
袋底	紙型	1片（燙厚布襯）
包繩布	80×3cm	1片
內袋袋身	39×24cm	2片（燙薄布襯）

小牛皮

側身	紙型	2片（不須外加縫份）
袋底	紙型	1片
耳絆布	1.5×6cm	4片

其它配件：18cm塑鋼拉鍊×2條、28cm金珠拉鍊×2條、2cmD型環×2個、2cm問號鉤×2個、棉繩×3尺、肩背提把×1組、側背袋×1組、皮蓋片×1組。

※以上紙型未含縫份（須外加1cm縫份），數字尺寸已含縫份。

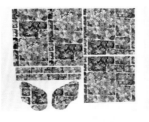

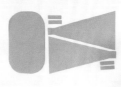

9 取另一片裡袋身由袋口往下6cm做記號，將口袋袋口置中並對齊記號線放置，口袋中心車縫直線固定，左、右兩側及袋底車縫0.1cm凵字型固定。

★ 裡袋身組合

10 取一片裡袋身與一片裡側身正面相對，布邊對齊車縫1cm固定。

11 裡袋身另一側同作法完成與裡側身的車縫。

12 接縫處縫份燙開，左、右兩側車縫0.1cm固定縫份。

5 將拉鍊口袋布正面相對對折，三邊開口車縫1cm固定。

★ 製作貼式口袋

4cm 返口

6 取貼式口袋布正面相對對折，留4cm返口，三邊開口車縫1cm固定。

7 修剪口袋直角縫份，翻至正面整燙。

8 將口袋布分為左、右兩側，一側折燙立體口袋打褶位置，打褶處車縫0.1cm固定。
※提醒：僅車縫打褶的布料，避開口袋的其他部分。

★ 製作一字拉鍊口袋

6cm 3cm 1cm 18cm

1 取一片裡袋身正面袋口往下6cm，中心往左、右各9cm做直線記號，口袋布背面布邊往下3cm，中心往左、右各9cm做直線記號，裡袋身與口袋布正面相對，兩片之記號線相互對齊，車縫1cm×18cm長方形固定。

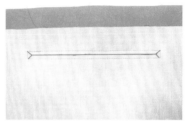

2 車縫後之長方形由中線剪開，並於兩端剪Y字型。

3 翻至正面，整燙拉鍊口袋袋口。

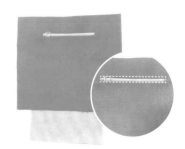

4 將塑鋼拉鍊固定於拉鍊口袋袋口，四周車縫0.1cm固定。

22 將外口袋紙型放置於其中一
片表布袋身上依輪廓做記號，
外口袋拉鍊部分依記號位置
與袋身正面相對，布邊車縫
0.1cm固定。
※提醒：口袋位置可依個人喜
好擺放。

23 外口袋尚未車縫的部分依記
號位置於正面車縫0.1cm固
定於表布袋身上。

★ 側身拉鍊車縫

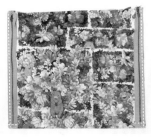

24 將側身拉鍊擋布背面相對對
折，對折邊車縫0.2cm固定
於金珠拉鍊正面末端止點下
方，將拉鍊與後表袋身正面
相對，布邊對齊車縫0.5cm固
定，同法完成另一側後表袋身
與拉鍊的車縫。

17 外口袋側身與拉鍊另一端同作
法完成夾車車縫固定。

18 外口袋側身長邊多出的寬度，
正面相對避開拉鍊車縫1cm固
定。

19 翻至正面整燙。

20 外口袋側身依外口袋紙型位
置固定於外口袋表袋身上，外
口袋裡袋身與表袋身正面相
對，留4cm返口，布邊對齊車
縫1cm固定。

21 翻至正面整燙，返口藏針縫
縫合。

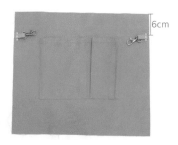

13 取兩片耳絆布分別穿入兩個問
號鉤對折，將耳絆布分別車縫
0.5cm固定於另一片裡袋身兩
側袋口往下6cm處。

14 同作法10-12完成另一片裡袋身
與裡側身車縫固定，形成環狀。

15 於裡袋底四邊做中心點記號，
袋身底部取四個中心點，袋身
與袋底正面相對，中心點及布
邊分別對齊車縫1cm固定。

★ 製作外口袋

16 兩片外口袋側身正面相對，取塑
鋼拉鍊一端夾於短邊中，拉鍊
布其中一側與外口袋側身長邊
對齊，短邊車縫1cm固定。
※提醒：外口袋側身裁片可用不
同顏色代替，以突顯立體口袋。

33 依圖示位置固定提把。

34 將袋蓋固定於後袋身袋口往下3cm處,外袋完成。

★ 表袋身組合

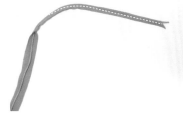

29 將棉繩包覆於包繩布中,靠著棉繩車縫,製作包繩條。

30 將包繩車縫0.7cm一圈固定於小牛皮袋底正面。

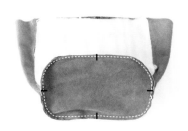

31 於袋底四邊做中心點記號,袋底部取四個中心點,袋身與袋底正面相對,中心點及布邊分別對齊車縫1cm固定。

★ 外袋身組合

32 表／裡袋身袋口分別往內折燙1cm(表袋身小牛皮側身不含縫份),將裡袋身套入表袋身中,袋口對齊車縫0.2cm固定。

反折　　　　　　　反折

25 後表袋身袋口往正面反折1cm,車縫0.5cm固定縫份。

26 前表袋身同作法24-25車縫固定於金珠拉鍊另一側。

27 將側身金珠拉鍊拉開,取小牛皮側身布邊與拉鍊布布邊對齊,以水溶性雙面膠固定。

28 翻至正面,於表袋身車縫0.1cm裝飾線固定小牛皮側身。

裁剪線

39 將袋底底角對齊車縫固定,車縫線外1cm處裁剪多餘的布料。

40 由返口翻至正面整燙,返口處車縫0.1cm固定(亦可藏針縫縫合)。

41 袋口車縫0.5cm固定。

42 扣合側背帶即完成。

耳絆布夾入處

4cm 返口

13cm

37 取耳絆布穿入D型環對折,分別固定於其中一組表袋身袋口向下13cm處左、右兩側,並將兩組袋身正面相對,表/裡布分別對齊,於裡布留4cm返口,布邊車縫1cm一圈固定。

38 袋底分別車縫6cm底角。

★ 製作內袋

35 取內袋袋身表/裡布各一片正面相對,於一側短邊車縫1cm固定,同法完成另一組內袋袋身表/裡布車縫。

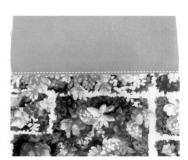

36 將袋身縫份燙開,於裡布袋口車縫0.2cm裝飾線。

現在加入影音會員

網站內容讓你看到飽，不只有基礎教學課程，

更有超過300件以上的作品步驟教學任你看，

這麼超值的好康，只要每個月NT$**359**元通通有！

現在加入會員，還＋贈150元購物折扣碼

太太太……難得了，趕快加入影音會員吧！

基礎影音教學高達130個以上

作品步驟教學300件以上

段落分明的影音教學，彈性學習不中斷！

步驟教學線上版，清晰可放大，
車線標示一清二楚。

手作時，遇到某個地方卡關，
覺得看書籍、雜誌還是有點不懂，覺得某些地方不夠了解，
趕快來玩布生活的網站看看吧！很多疑問可以迎刃而解～

不怕不會
只怕沒有動手做！

超詳細教學！

畫上版型並裁剪

製作一字型拉鍊口袋

拼接側身與袋底

組合袋身

網站上有完整的基礎教學課程，由業界教學經驗豐富的老師，以詳盡的解說，從裁布、工具、部分縫、一字拉鍊等……超過130個影音內容，就像專屬老師在旁指導，讓你快樂輕鬆手作！還有FB線上客服，不用擔心卡關卡很久喔！

扶桑花長版外罩襯衫

用薄料製成的長版襯衫可當外罩服飾穿搭，增添外觀的層次與造型，讓妳更加亮眼。口袋也別於一般常見的設計，看起來更有型，襯衫後面的打褶為整體添加一份柔美感。

製作示範／鍾嘉貞　編輯／Forig　成品攝影／詹建華
完成尺寸／衣長 89.5cm（Size：M）

難易度／

樣衣及紙型尺寸為M號　單位：公分
衣長（後中量至下襬）89.5cm
胸圍　　　　　　　　100cm
袖長　　　　　　　　25.5cm
袖口寬　　　　　　　32cm
◎由於後片切展成傘狀，腰圍／臀圍最寬處有138cm
　長度加長也可以當洋裝喔！

Profile

鍾嘉貞

一個熱愛縫紉手作的人,喜歡手作自由自在的感覺,
在美麗的布品中呈現作品的靈魂讓人倍感開心。
現任飛翔手作縫紉館才藝老師。

飛翔手作有限公司

http://sewingfh0623.pixnet.net/blog
新北市三重區過圳街七巷32號(菜寮捷運站一號出口正後方)
02-2989-9967

Materials 紙型 C 面

用布量:(幅寬144cm)表布3尺、配色布3尺。

裁布:

表(花)布

前身片	紙型	2片(左右各1片)
後上片	紙型	1片
袖子	紙型	2片(左右各1片)
袖口滾邊布	(W)4.5×(L)34cm	2片

配色(素)布

後下片	紙型	1片
領片	紙型	2片(1片燙襯)
領台	紙型	2片(1片燙襯)
口袋布	紙型	4片

貼襯:
1.前片衣身口袋口補強襯(W)5×(L)18.5cm×2片
2.口袋口補強襯(W)5×(L)28.5cm×2片
※以上紙型未含縫份,數字尺寸已含縫份。

其它配件:直徑約1.2cm釦子×8顆。

裁布注意事項:
1.後片衣身中心,活褶位置和長度及腋下點位置要標示出來。
2.後上片底端3.5cm處先將縫份反摺後再裁剪袖口處。
3.後上片的側頸點和肩點位置要標示出來。
4.袖片的袖山點和細褶止點位置都要標示出來。
5.領台的上領止點和側頸點位置要標示出來。

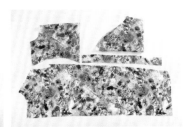

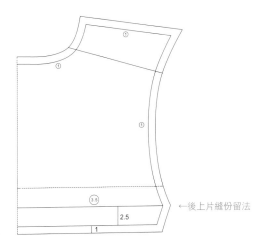

←後上片縫份留法

3.5

2.5

1

9 翻回正面整燙,從正面沿邊車縫0.1cm裝飾線。

10 放上另一片口袋布對齊,三邊車縫1cm縫份固定(不車縫到衣身),並拷克。

11 將口袋口上下疏縫0.5cm固定。同作法完成另一邊口袋。

✿ 製作前門襟

12 門襟往內折燙3cm再折3cm,下襬底端正面相對先車縫1.5cm。

2.5cm

5 翻回正面車縫2.5cm裝飾線。

✿ 製作衣身口袋

6 取前衣身和口袋布,口袋口因為要打牙口,所以要先貼上補強襯以免破裂。

7 口袋布與前身片對齊口袋位置,依圖示車縫固定。

8 留約0.5cm縫份,裁剪掉多餘布料,兩個凹陷處要打牙口,注意不可剪斷車線。

✿ 製作後身片

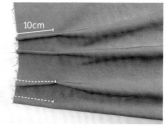

10cm

1 車縫後片活褶,按照紙型記號車縫至活褶的止點(含縫份往下共10cm)。

2 縫份朝向後中心整燙,上端疏縫0.5cm固定。

3.5cm

3 後上片底端先往上折燙3.5cm。

拷克

4 再跟後下片對齊接縫,縫份拷克。

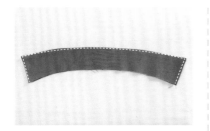

21 翻回正面，車縫0.1cm裝飾線。

17 將縫份朝後身片整燙並車縫0.1cm裝飾線。

13 如圖示修剪縫份。

22 取領台正面相對，夾車領片下方，領片要對齊領台的車縫止點，車縫好修剪轉角縫份。

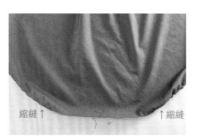

18 車縫下襬，由於下襬弧度很大，所以在縫份0.5cm處先大針縮縫。

縮縫↑　　　　↑縮縫

14 翻回正面，沿邊（反面）車縫門襟裝飾線。

23 翻回正面整燙備用。

19 下襬縫份往內折燙0.7cm再折燙0.7cm，沿邊車縫0.1cm。

⊗ 接合前後身片

拷克

15 前後身片正面相對車縫脇邊，縫份拷克。※口袋布做平的（已修版），袋布前中心處要夾入前門襟內一起固定。

24 上領：有襯的表領台與衣身片正面相對，對齊好車縫，縫份處打數個牙口。

⊗ 製作領子

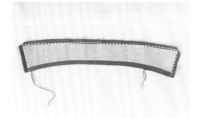

20 領片正面相對車縫冂字形，領尖處可夾線來翻（角度更漂亮），並修剪縫份。

拷克　　　　　拷克

16 再接合肩線，縫份拷克。

❀ 開釦洞和縫釦子

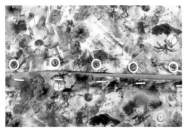

32 依紙型上的位置在門襟的右邊開釦洞及左邊縫上釦子。

29 袖口布的正面與袖片的反面車縫0.7cm一圈,袖下的接縫線要對齊。

25 裡領台縫份內折好蓋住車縫線,從衣身裡面壓臨邊線一圈固定。

❀ 製作袖子

完成 12cm

完成 7.5cm

26 袖子按照紙型位置縮縫袖山和袖口處的細褶。

縮縫作法:針目放到最大,布的正面朝上車縫0.5cm和0.7cm,拉底線,將布片縮縫到需要的尺寸。

33 完成。

30 翻回正面,將縫份往內折燙好,再車縫臨邊線固定。

拷克

拷克

27 袖子正面相對,車縫袖脇,縫份拷克,朝後片整燙。

31 上袖:先分出左右袖,前後片方向要放正確。袖子正面與衣身正面相對,對齊袖山點和腋下點車縫一圈,縫份拷克。

28 取袖口滾邊布,長邊對折,短邊處車縫1cm,先修剪縫份成0.5cm後燙開縫份。

小包特企

討喜
造型零錢包

各種可愛造型的手拿零錢包，
讓你愛不釋手，每天都想帶上它。

萌萌刺蝟零錢包

超可愛的刺蝟造型零錢包，讓你出門不會忘記帶上它。
付帳時將它拿出立刻吸引眾人目光，
身旁的女孩們一定會忍不住脫口說出好可愛喔！

製作示範／邱如慧（安柏）　編輯／Forig
成品攝影／林宗億
完成尺寸／寬 11cm× 高 9cm
難易度／♠ ♠ ♠

Materials　　　　　　　　　　　　　　　紙型 D 面

{ Profile }

邱如慧／安柏

屏東大學文化創意產業研究所。
隨筆畫自己想要的背包，選擇自己喜歡
的布調，踩著裁縫車，喜歡手作與研究
自造者 /Maker 樂趣的個人工作室。

FB 搜尋：
【柏樂製作所】

用布量：表布 0.5 尺、內裡布 0.5 尺、不織布少許。

裁布：

表布

頭（米色）	紙型	2	左右對稱
身體（咖啡色）	紙型	2	左右對稱
舖棉布	紙型	2	不需縫份

裡布

裡袋身	紙型	2	左右對稱
厚布襯	紙型	2	不需縫份

不織布

外耳朵（咖啡色）	紙型	2
內耳朵（粉膚橘）	紙型	2

其它配件：

10cm 水滴拉鍊 ×1 條、繡線：咖啡色－ DMC-801（眼睛和鼻子）、
米黃色－ FUJIX SOIE ET 521（身體）。

※ 以上紙型不含縫份，請外加 0.7cm 縫份。

01 表布頭和身體正面相對，點對點對齊。

07 翻回正面，用藏針縫合返口。

04 表布再貼上不含縫份的鋪棉布，裡布燙上不含縫份的厚布襯。

02 身體布車縫時弧度處剪牙口，對齊頭部的布邊車合。

08 同作法完成另一邊刺蝟製作。用消失筆畫上眼睛和鼻子的記號。

05 將表布與裡布主體正面相對。

03 將縫份倒向身體的部分燙平。

09 取不織布外耳和內耳布，兩片黏合。

06 下方留返口車合，並在刺蝟轉彎處打牙口，不要剪超過車線。

10 將耳朵黏合在頭與身體接縫處的適當位置。

縫合袋身　　　　開口拉鍊製作

15　將拉鍊固定在刺蝟下方拉鍊
　　止縫位置上。

11　取米黃繡線縫，在咖啡色主
　　體上繡出刺蝟的刺。

19　上好拉鍊後拉合，將前後袋
　　身對齊合起，用藏針縫方式
　　縫合表布。

16　背面珠針將拉鍊固定的樣子，
　　拉鍊頭尾端布內折。

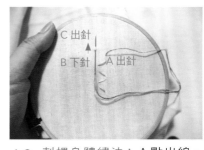

12　刺蝟身體繡法：A 點出線，
　　往左上 B 點下針，再往上 C
　　點出針。

20　縫合好主體後，再取咖啡色
　　繡線，縫出鼻子。

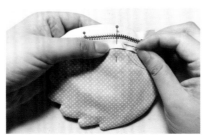

17　用回針縫方式手縫上拉鍊。

13　重覆上步驟繡法，將身體平
　　均縫滿。

21　完成。

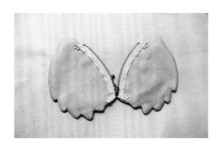

18　同作法縫合另一邊拉鍊，開
　　口拉鍊手縫好所呈現的樣子。

14　取咖啡色繡線，縫出眼睛。
　　※ 眼睛和鼻子繡法：將輪廓
　　　畫線處繡一圈，再一針一針
　　　交疊縫滿遮蓋底布。

香濃奶油
夾心餅乾零錢包

〔麻雀雖小五臟俱全。〕
香濃餅乾好好吃，奶油夾心好誘人。
吶吶可不要小看我，我可不是只有外表好看而已喔！
打開看看見真章，裡面可以放放鈔票、
零錢還有卡片，才貌兼備好厲害。

製作示範／鍾少菲 Feifei　　編輯／兔吉
成品攝影／蕭維剛
完成尺寸／長 14cm x 寬 10cm x 底寬 2cm
難易度／♠♠♠

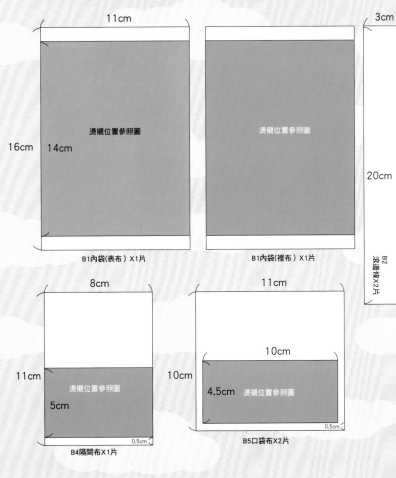

{ Profile }

鍾少菲 Feifei

喜歡針線活、研究各種不同材質的布料及纖維，
偶爾也畫畫寫字和刺繡，在自己的天地裡持續
進行手作小物的各種實驗。

實踐大學服裝設計
任職多年服裝設計與布花設計
曾任 a la sha 品牌設計師
現任救國團 / 中正社大 / 文化推廣部 講師

FB 搜尋：菲菲小舍
　　　　　Feifei printing & needlework
Instagram：@FEIFEISTUDIO

Materials

紙型 D 面

11cm

燙襯位置參照圖

16cm　14cm

B1內袋（表布）X1片

燙襯位置參照圖

B1內袋（裡布）X1片

3cm

20cm

B2
滾邊條X2片

13cm

2.5cm

12cm

5.5cm

12cm

燙襯位置參照圖

0.5cm

0.5cm

B3側邊布X2片

中心線
夾車隔間布位置
摺燙記號

☐ B布
■ 輕挺襯
■ 薄襯

8cm

11cm

5cm

燙襯位置參照圖

0.5cm

B4隔間布X1片

11cm

10cm

10cm

4.5cm　燙襯位置參照圖

0.5cm

B5口袋布X2片

主要材料：A布（淺黃色日本先染布）40x30cm、B
布（白色日本提花布）50x40cm、輕挺襯 30x30cm、
薄襯 40x30cm、厚單膠棉 15x30cm。

其他配件：10cm 一字口金框 1 個。

使用工具：VersaCraft 布用印泥 K-21 可可色 & 141
深咖啡色、化妝用海綿或形染筆。

裁布：
A布（淺黃色日本先染布）
餅乾布　　　　　依紙型　　　4 片
B布（白色日本提花布）
請參考左方裁布圖。
※ 紙型與裁布尺寸皆已含縫份。

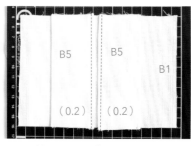

09 將 2 片 B5 放在距離 B1 裡布正面中心線各 0.15cm 處。將步驟 8 壓線那端朝外,如圖車縫靠近中心線的兩側。

10 將 B3 側邊布正面朝內對摺,如圖沿襯車縫。

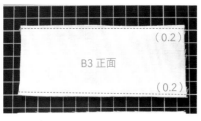

11 翻回正面整燙,如圖上下兩端壓臨邊線。

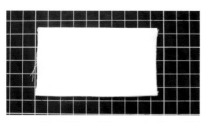

12 同步驟 10 與 11,完成 B4 隔間布備用。

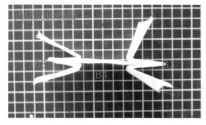

13 依裁布圖找出 B3 的中心線,摺燙好夾入 B4 隔間布並依標示車縫。接著再找出摺燙記號,將 B3 向外翻摺整燙,完成內隔間備用。

05 翻回正面並整理弧度,可用錐子將布邊小心挑出。取咖啡色粗線於餅乾上 6 個點點的位置將 2 片布縫合,接著在正面繡上結粒繡。

06 捲針縫縫合返口,也可用同塊布做貼布繡遮住返口會更加精緻。完成餅乾布備用。

製作內袋

07 取 1 片 B5 口袋布正面朝內對摺,如圖沿著襯車縫一道。

08 翻回正面,整燙好在另一端壓臨邊線,完成 2 片口布袋備用。

製作餅乾布

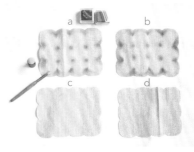

01 取 2 片餅乾布,使用海綿或形染筆沾可可色的布用印泥,於正面輕輕拍出周圍與中間點點的陰影,可再用深咖啡色如圖加強陰影。

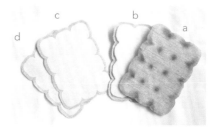

02 將餅乾布 a、b 正面用熨斗(溫度 150 度)加熱 15 秒定色,接著在背面燙上厚單膠棉。c、d 的背面則燙上輕挺襯。

03 如圖在 c、d 中間剪開 1 條返口,將 a 配 c、b 配 d 兩兩正面相對,沿著襯的邊緣車縫一圈。(註:可依布料的厚度更換車針,薄布料建議可用較細的車針,並把針距調小較好控制弧度。)

04 修剪縫份約剩 0.25cm,並於每個內凹的尖角處剪牙口,盡量剪到底,但不能剪到車線。

23　將餅乾布上端往下翻，用強力夾暫時固定。

24　取雙股粗線並用回針縫縫合口金框。

25　再將側邊四個角落剛剛預留的 2cm 以藏針縫縫合。

26　縫製完畢，使用蒸氣熨斗整燙正面，香濃奶油夾心餅乾零錢包就完成了！

19　左右兩側皆縫上 B2 滾邊條。

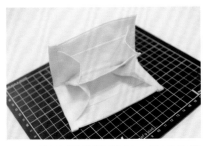

20　將滾邊條整理好，用藏針縫縫合，完成內袋。

組合袋身

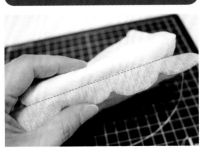

21　依下方配置圖將內袋與 1 片餅乾布底部用藏針縫縫合。

2cm

內袋與餅乾布接合位置

0.5cm

內袋完成位置

22　將內袋側邊與餅乾布以藏針縫接合，依配置圖先預留 2cm 不要縫，以便等會縫上口金框。另 1 片餅乾布作法相同。

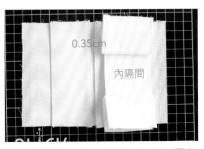

0.35cm
內隔間

14　取內隔間如圖左右置中擺放在 B5 口袋上方 0.35cm 處。

B3 (0.2)
B5

15　如圖車縫固定，剩餘其他 3 邊作法相同。

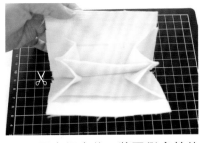

16　固定好之後，將兩側多餘的布料修齊。

(0.5)

17　將內隔間其中一上端與 B1 表布正面相對，沿著襯車縫固定。

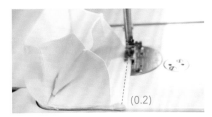

(0.2)

18　翻回正面壓臨邊線。另一邊將縫份內燙後直接壓車 0.2cm 即可。

三角飯糰雙層包

可愛的雙層御飯糰造型，精心繡上不同口味的文字，
就可以開賣囉～包內不僅可以放零錢鈔票，
還能放卡片、護身符等貼身物品。
雙層設計好收納，食物外觀有趣味。

製作示範／黃碧燕
編輯／Forig
成品攝影／林宗億
完成尺寸／寬 14cm× 高 13cm× 底寬 2.5cm（1 層）
難易度／♠♠♠♠

{ Profile }

黃碧燕（Anna Huang）

喜歡手作，喜歡拍照，喜歡寫字。
喜歡好好生活。
喜歡自己喜歡的，所有一切。

FB 粉絲頁：
https://www.facebook.com/zakka.
goodtimes/

Materials

紙型 D 面

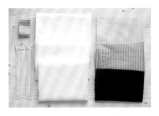

用布量： 表布 1 尺、裡布 1 尺、黑色棉布少許、厚布襯 1 尺、薄布襯 1 尺、輕挺襯 1 尺。

裁布：

表布

表布 A	紙型	2 片
表布 B	紙型	2 片
內口袋 C	紙型	4 片
黑色棉布	7.5×7.5cm	2 片
連接布	3×6cm	1 片
拉鍊口布 D	21×1cm	4 片
拉鍊側邊布 E	24.5×3cm	2 片
扣耳	3×5.5cm	1 片
手提帶布	36×3cm	1 片

裡布

裡布	紙型	4 片
拉鍊口布 D	21×1cm	4 片
拉鍊側邊布 E	24.5×3cm	2 片

燙襯說明：

1 表布 A 和 B 共 4 片先燙無縫份輕挺襯，再燙有縫份的厚襯。內裡共 4 片，燙有縫份薄襯。

2 表內口袋 C×4 片，燙有縫份的薄襯。

3 拉鍊口布 D×2 片 +E×1 片，燙無縫份的厚襯。拉鍊口布 D 和 E 的內裡布燙有縫份薄襯。

4 連接片和扣耳，燙有縫份的厚襯。

5 手提把燙有縫份的薄襯。

其他配件：

塑鋼拉鍊 20cm×2 條、44×4cm 滾邊條 ×4 條、1cm D 型環 ×1 個、1cm 手機勾環 ×1 個、皮搭扣 ×1 個、裝飾用蕾絲、繡線少許。

※ 以上紙型和數字尺寸皆未含縫份。

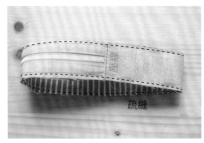

09 翻回正面,在頭尾接合處壓裝飾線,再將表裡布邊緣對齊疏縫固定。共完成兩組拉鍊口布+側身備用。

扣耳和連接片製作

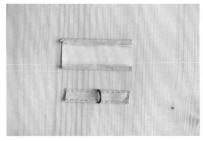

10 取扣耳表布將長端兩邊熨燙內摺固定,再對摺壓線裝飾,套入D型環備用。

11 取連接片表布,將較短的兩邊縫份熨燙內摺。

12 再將連接表布對摺。上下兩端壓線裝飾,完成備用。

拉鍊口布製作

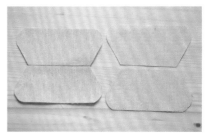

05 拉鍊口布D表布正面對拉鍊正面車縫。

06 拉鍊口布裡布再與拉鍊背面車縫,翻回正面壓車裝飾線。

07 拉鍊側邊表布E與拉鍊正面相對,車縫頭尾成一圓圈。

08 拉鍊側邊裡布E與拉鍊背面車縫,一樣車縫頭尾兩邊。

口袋製作

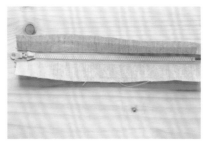

01 將內口袋布正面對正面車縫上緣。

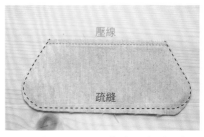

02 翻回正面,上方壓裝飾線,周圍對齊疏縫固定。

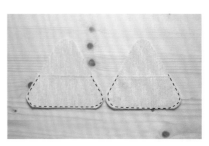

03 將內口袋固定到表布B上。

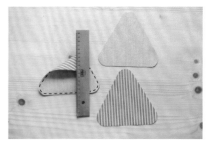

04 表布B再與裡布反面對反面,疏縫固定。(共完成兩片備用)

21 完成表布 B 的組合。

17 取滾邊條頭尾相接,與拉鍊口布的內裡布正面相對疏縫一圈。(共完成四條備用)

表布製作與組合

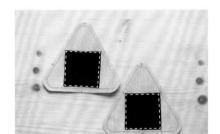

13 取黑色棉布將縫份內摺,車縫在表布 A 固定。

22 取表布 A,與連接表布 B 的拉鍊口布車合,並縫合滾邊條。

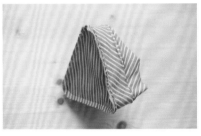

18 再取表布 B 與上步驟對齊,正面對正面車縫。

14 表面可刺繡或是車縫上蕾絲裝飾。

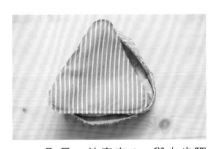

23 取另一片表布 A,與上步驟的表布 B 拉鍊口布車合。
※ 這裡需將所有表布全塞入,固定中心點,會比較好接合。

19 將滾邊條包住縫份摺好,手縫固定。

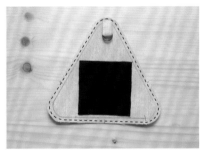

15 將表布 A 與裡布反面對反面,疏縫固定(共完成兩片備用)。取扣耳固定到表布 A 上。

24 再縫合滾邊條。

20 另一邊的表布 B 做法相同(重複 17-19 步驟)。

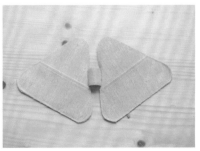

16 連接片如圖示固定在表布 B 上(有內口袋的表布)。

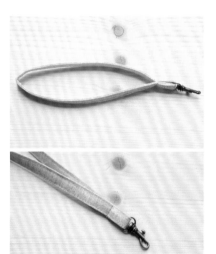

31 車縫固定手機勾環。

29 手提帶布套入手機勾環，車合兩端成一圈狀。

30 再對摺，縫份對齊，兩邊壓線縫合。

25 翻回正面，整燙。

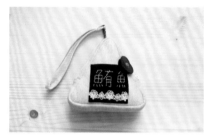

26 縫上皮搭扣，完成。

32 勾環扣入扣耳 D 型環即完成。

提把製作

27 準備手提帶布（燙薄襯）和勾環。

28 將長端的兩邊縫份，熨燙內摺 0.7cm。

祈願零錢包

達摩不倒翁帶給人們祈願的畫面，小巧可愛的零錢包，
握在手中許願的模樣，可擄獲不少人心。
袋身以手工刺繡完成圖案的呈現，
是不是更增加手感了呢！

製作示範／林思瑜　編輯／Carol
成品攝影／張詣
完成尺寸／寬 9.5cm×高 10cm
難易度／♠♠

{ Profile }

林思瑜

平凡的小資女孩，藉由手作與大家分享腦子裡的天馬行空，藉著這些作品讓大家都能愛上布料的溫度。

Materials

紙型 D 面

用布量：表布 0.5 尺、裡布 0.5 尺、單膠棉 0.5 尺、洋裁襯 0.5 尺

其他配件：7.5cm 圓形口金、繡線（紅、黑、黃）

裁布：

表布

袋身	紙型	2 片（外加縫份 0.7cm）
面容	紙型	1 片（外加縫份 0.5cm）

裡布

袋身	紙型	2 片（外加縫份 0.7cm）

單膠棉

袋身	紙型	2 片

洋裁襯

袋身	紙型	4 片（外加縫份 0.7cm）

※ 以上紙型未含縫份。

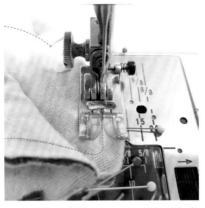

08 袋口車縫 0.7cm 一圈固定表 / 裡布，圓弧處剪牙口。
※ 提醒：返口處不剪牙口。

09 由返口翻至正面整燙，返口 藏針縫縫合。

10 袋口縫上口金完成。

05 後表袋身背面燙上單膠棉（不含縫份），再燙上洋裁襯（含縫份），兩片表袋身正面相對，袋底圓弧車縫 0.7cm 固定，並剪牙口。

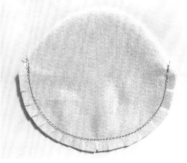

06 兩片裡袋身皆燙上洋裁襯（含縫份），正面相對，袋底圓弧車縫 0.7cm 固定，並剪牙口。

07 將裡袋身翻至正面，套入表袋身中，表 / 裡布側邊接縫線及袋口布邊分別對齊，袋口一側留 4cm 返口。

表裡袋身製作

01 前表袋身布疊於面容白布上，以貼布繡方式固定袋身及面容。

02 面容貼布繡完成，背面燙上單膠棉（不含縫份），再燙上洋裁襯（含縫份）。

03 依紙型於袋身正面畫上所需刺繡之圖案。

緞面繡　　　　　鎖鍊繡

輪廓繡

04 刺繡圖案依繡法指示完成刺繡。

打版進階 ②
吐司包變化款一
拉鍊口布與袋身一體成型變化 ❶

解說文／凌婉芬　編輯／Forig　成品攝影／林宗億

示範尺寸／寬 36cm× 高 27cm× 底寬 12cm

難易度／★★★★

Profile

凌婉芬

原從事廣告行銷企劃工作，土木工程畢業。在一次因緣
際會下接觸拼布畫與拼布包，便一頭栽進布的世界裡。
由於包包創作實在太有趣，因此開始研究各種包款的版
型，進而創立一套比較有系統的版型規劃方式。目前從
事網路教學，舉凡包包製作、版型規畫、手工書、拼貼、
手工皮件等均為教學範圍。
著作：袋你輕鬆打版。快樂作包
　　　打版必學！同版雙包大解密

布同凡饗的手作花園

http://mia1208.pixnet.net/blog
email：joyce12088@gmail.com

一、說明：

本單元示範拉鍊口布與袋身一體成型的計算方式，也就是一般常見的吐司型筆袋或化妝包的
變化包款，這種類型的包款可延伸的款式眾多，將分為兩單元，針對較基本的變化，來作示
範說明，如此一來，之後可以運用在更多的包款中。

單元一示範袋身直線款，包款的尺寸大小則可依照個人喜好的方式來設計；打版所需常見工
具或常識，以及基本公式等，請參照打版入門（一）～（十一）。

二、包款範例：

示範包款尺寸：寬36cm×高27cm×底寬12cm

◎尺寸算法可參照打版入門或設計成自己喜歡或需要的大小。

◎提把寬度與長度視個人使用習慣即可，沒有固定的算法。

三、繪製袋身版：

①根據已知的尺寸大小先畫出概略外框。

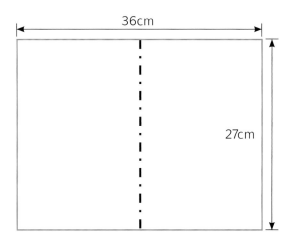

36cm

27cm

決定想要使用的拉鍊尺寸。

此種款式拉鍊的決定方式，有兩點需要考慮進來：

A.袋身上端的寬度。B.側身高度。

※示範的包款上端尺寸為28cm，側身是27cm

拉鍊要延伸到兩側的側身

→拉鍊可使用現成的固定尺寸50cm

（更長或更短其實都可以，但示範側身不是很高，因此不建議使用太長的拉鍊，都可以試試看會有不同效果）

50－28＝22cm→表示延伸到兩側的側身為各11cm

◎示範包款側身寬度12cm

如果使用拉鍊口布需先扣除1cm → 12－1＝11cm

→拉鍊口布寬度＝11/2＝5.5cm

袋口延伸側邊拉鍊

②畫出袋身上端的版型。

（如綠線的部分）

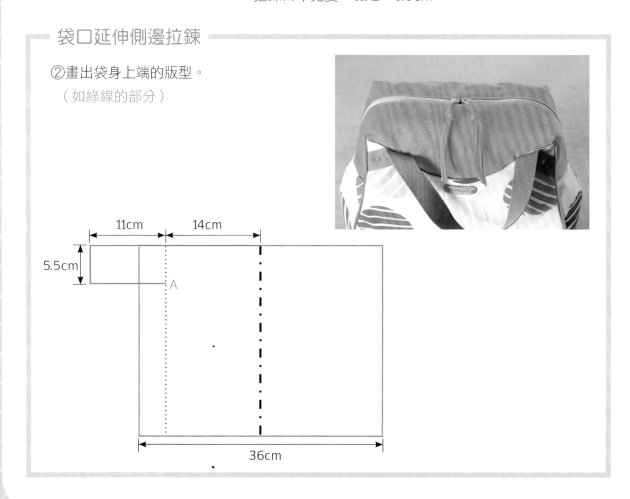

11cm　　14cm

5.5cm

A

36cm

制定側身版型

為什麼袋身版畫了一半要先制定側身版？

由於側身底是弧線，因此我們需要先決定曲線的部分，

再計算袋身的直線部分就可以了。

側身加一點微皺摺會比較可愛，所以12＋3＝15cm

→同樣先畫出大致的方框15×16cm

→側身小圓角定R＝5cm（同樣可依照個人喜歡的弧度大小）

側身版型畫法

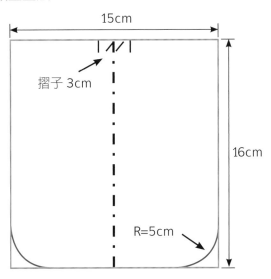

15cm

摺子 3cm

16cm

R=5cm

◎實際側身版型

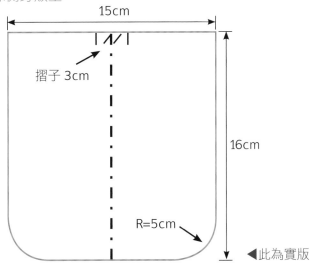

15cm

摺子 3cm

16cm

R=5cm

◀此為實版

畫袋身版未完成的部分。

袋身的尺寸則為由A點連接到底的長度。

這個長度怎麼制定呢？

由側身的版型（弧長算法參照曲線打版）

→計算出一半的周長＝11＋7.9＋2.5＝21.4cm

因此袋身的總長度＝11＋21.4＝32.4cm

袋身可畫直線或梯形。

◎畫法說明

1.示範包款為梯形，但一半的袋身不能直接畫斜線。

在製作成品的時候，如果兩梯形接起來會形成一個尖銳的袋型，將無法與側身相接；

因此，需要在底的部分設計為直線段。

2.示範包款為一體成型的版型（故此範例為袋身袋底同版的畫法）

→示範包底寬是12cm，因此直線段的部分則為12/2＝6cm

3.袋身總長度為32.4cm，因此32.4－6＝26.4cm

$\overline{AB}$線段需為26.4cm（如量出來不是26.4 cm可微調一下斜線的部份）

4.完成側身版實版。

袋身下端的版型
（如藍線的部分）

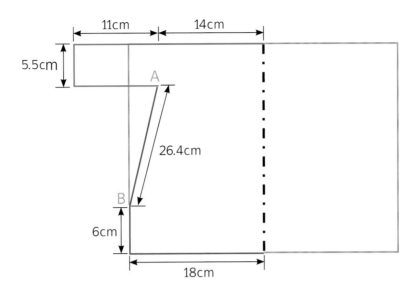

◎實際袋身版型
由於左右袋身為對稱版型，因此可只畫一半（折雙即可）。

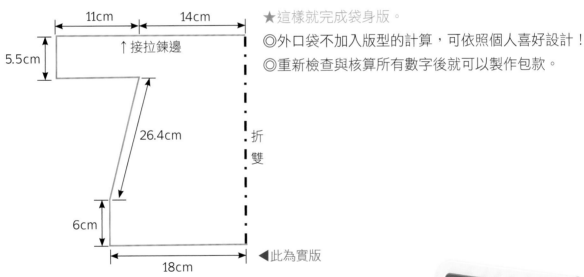

★這樣就完成袋身版。
◎外口袋不加入版型的計算，可依照個人喜好設計！
◎重新檢查與核算所有數字後就可以製作包款。

NEXT
進階打版（三）
拉鍊口布與袋身
一體成型變化 2

四、問題。思考：

（1）如果在設計時，連接的拉鍊側身為梯形，應該怎麼設計？
（2）拉鍊口布如果要設計的窄一點，袋身或側身會有什麼改變？
（3）側身摺子的大小變化會有什麼改變？

孩子的腦海中總是天馬行空，有無限的想像，
可能會出現在各式各樣的房子裡探索，
或搭乘火箭、飛機等交通工具到處冒險。
將他們喜歡的想像世界呈現在衣著上，
更顯出小孩天真可愛的一面。

無限想像
百搭童褲

製作示範／Meny　編輯／Forig　成品攝影／詹建華

完成尺寸／全長50cm（Size：F）

適合年齡／7～9歲

難易度／★★★☆

樣衣及紙板尺寸為F　單位:公分

褲長	50cm
腰圍	72cm
臀圍	76cm

Materials 紙型 D 面

用布量：（幅寬110cm）主色布2尺、配色布1尺。

裁布：

主色布

前片	紙型	2片（左右各1片）
後片	紙型	2片（左右各1片）
腰頭布	紙型	2片

配色布

斜口袋上布	紙型	2片（左右各1片）
斜口袋底布	紙型	2片（左右各1片）
褲口配色布	紙型	2片
後貼式口袋	紙型	4片
褲口裝飾布	紙型	4片

薄襯（不需含縫份）

後貼式口袋	紙型	2片
褲口裝飾布	紙型	2片

其它配件：造型釦×2顆、腰頭釦×1顆、2cm洞孔鬆緊帶60cm長×1條。

※以上紙型未含縫份。

Profile

Elna

愛爾娜國際有限公司

電話：02 -27031914

經營業務：日本車樂美 Janome 縫衣機代理商
　　　　　無毒染劑拼布專用布料進口商
　　　　　縫紉週邊工具、線材研發製造商
　　　　　簽約企業縫紉手作課程教學
　　　　　縫紉手作教室創業、加盟

信義直營教室：台北市大安區信義路四段 30 巷 6 號（大安捷運站旁）
Tel：02 -27031914 Fax：02 -27031913
師大直營教室：台北市大安區師大路 93 巷 11 號（台電大樓捷運站旁）
Tel：02 -23661031 Fax：02 -23661006

作者：Meny

經歷：愛爾娜國際有限公司商品行銷部資深經理
　　　簽約企業手作、縫紉外課講師
　　　縫紉手作教室創業加盟教育訓練講師
　　　永豐商業銀行ＶＩＰ客戶手作講師
　　　布藝漾國際有限公司手作出版事業部總監

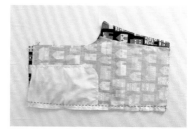

9 前後片正面相對,脇邊車縫。

10 取褲口配色布,兩長邊縫份內折燙1cm後再對折燙。

11 前後片縫份燙開,下方與褲口配色布正面相對車縫。

12 再將前後片另一脇邊對齊車縫,縫份燙開。

13 取褲口裝飾布,正面壓線固定。

5 將斜口袋上布翻至背面燙平。

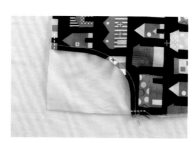

6 翻回正面,口袋開口壓線0.5cm固定,後面放上斜口袋底布,對齊好後上方和側邊疏縫一段固定。

7 斜口袋上布與底布對齊好車縫,再拷克收邊。同作法完成另一邊的斜口袋。

◆製作褲身與褲口

8 將車好口袋的前後片兩脇邊如圖標示位置拷克。

◆製作後貼式口袋

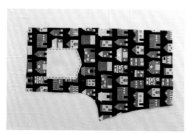

1 取後貼式口袋布和褲口裝飾布分別正面相對,依圖示留返口車縫固定。

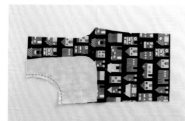

2 轉彎處打牙口,翻回正面整燙。

3 將後貼式口袋依後片紙型標示位置擺放在後片上,車縫固定。

◆製作斜口袋

4 取斜口袋上布與前片正面相對車縫,弧度處剪數個牙口。

◆ 縫合釦子

21 將兩邊的褲口裝飾布用縫紉機開出釦洞。

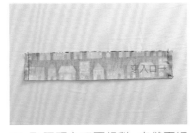

17 取腰頭布正面相對,車縫兩短邊,一邊留鬆緊帶穿入口。

14 將褲口配色布往褲管內推平,在脇邊下方的縫份處擺放上褲口裝飾布,並車縫固定。

22 褲口裝飾布往上折,在適當位置縫上造型釦,完成左右兩邊。

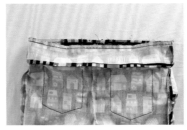

18 腰頭布一長邊縫份折燙1cm,另一邊(正面)與褲子(反面)上方和兩側接線對齊,車縫一圈。

15 褲口配色布翻折好蓋住褲口縫份,沿邊車縫一圈固定。同作法完成另一邊褲口。

◆ 製作褲腰頭

23 將腰頭鬆緊帶拉好,在腰頭開口處的旁邊縫上釦子,依腰圍尺寸做放縮調整使用。

19 將腰頭布對折燙至正面,沿邊壓線固定。

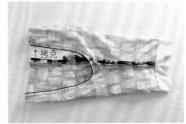

16 車合褲襠,將一個褲管套入另一個褲管,對齊好褲襠處車合並拷克,縫份燙開。

24 完成。

20 利用穿帶器在腰頭開口處穿入鬆緊帶,穿入一圈後,鬆緊帶頭尾端車合。

幾何小花兩用包 Ava two way bag

附英語版本
With English
Version

製作示範（By）／Elviana Noerdianningsih
翻譯（Translator）／Yulistiani
編輯（Editor）／兔吉
完成尺寸（Finished size）／長（L）33cm×
　　　　　　　　　　高（H）35cm×底寬（D）13cm
難易度（Difficulty level）／★★

Profile Elviana Noerdianningsih（Vivi）

Elviana Noerdianningsih, known as Vivi. Got three degrees in pharmacy and Master of Drug Management Policy. Decided to become a full time mom, wife, and crafter after she got married. Learning to sew clothes since she was a student at college, then found her true passion is in making bags. Vivi is the founder of Sugarland Craft, which provides handmade bags and sewing courses. Got all her skills and knowledge by learning from books, Pinterest, and sewing community "Craftalova Fabric Club". She also joins in CraftON, a sewing craft workshop organizer as a tutor. You can find her bags at Instagram and FB fan page.

Elviana Noerdianningsih，你也可以稱呼她 Vivi。Vivi 是個藥物管理學碩士，婚後的她決定當一位家庭主婦、一位好媽媽和一位包包創作者。她在大學時期從製作衣服開始踏入縫紉的世界，但後來發現最讓她感興趣的是製作手作包的這塊領域。Vivi 創辦了自有品牌 "Sugarland Craft"，專注於販售手作包款以及開設手作包的培訓班。從沒受過任何正規縫製課程的 Vivi 是透過自學縫紉書籍，或是從 Pinterest 以及網路縫紉社群 "Craftalova Fabric Club" 學習如何製作包包的。除了自有品牌之外，Vivi 還在 CraftON 縫紉培訓班擔任老師進行教學。歡迎大家可以上 Instagram 或是 FB 粉絲頁欣賞她更多的作品。

Instagram：@sugarlandcraft
FB：Sugarland Craft

Materials 紙型 **D** 面 panel in side D

裁布 Cutting：
※ 請參考下方裁布圖 A、B、C 裁剪。
※Please see the cutting size of A、B、C on the below.

表布 Exterior Fabric：
前、後袋身 ×2 片（依裁布圖 A）　　Front / back body×2（Cutting Size A）
拉鍊口布 ×2 片（依裁布圖 C）　　　Zipper facing×2（Cutting Size C）
背帶布 ×4 片（依紙型）　　　　　　Bag Strap×4（Panel）

裡布 Lining Fabric：
前、後袋身 ×2 片（依裁布圖 B）　　Front / back body×2（Cutting Size B）

其他配件 Accessories：
40cm 拉鍊 ×1 條　　　　　　　　　40cm zipper×1
拉鍊頭 ×2 個　　　　　　　　　　　Zipper head×2
2cm 口型環 ×6 個　　　　　　　　　2cm metal rectangle ring×6
2cm 日型環 ×2 個　　　　　　　　　2cm slide buckle×2
鉚釘數個　　　　　　　　　　　　　Several rivet sets

皮片 Leather accessories：
掛耳皮片（寬 2cm× 長 6cm）×4 片　Leather tab 2（W）×6（L）cm ×4
皮帶（寬 2cm× 長 100cm）×2 條　　Leather strap 2（W）×100（L）cm ×2

※ 以上數字尺寸與紙型皆已含縫份 1cm。
※All panels and cutting size shown on the form include seam allowance 1cm.

（A）
18cm
44cm
摺雙（Mirror）
6cm　6cm
12cm

（B）
18cm
38cm
38cm
32cm
摺雙（Mirror）
6cm　6cm
12cm

（C）
18cm
7cm
摺雙（Mirror）

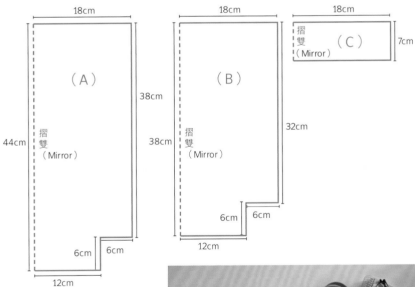

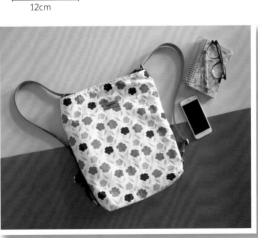

6 將做好的 2 片背帶布分別放入
表袋身袋底側邊,接著將袋底
兩側車合。
Put the 2 bag straps into the 2
square corners of the exterior
body and sew closed.

7 車好翻回正面,完成表袋身。
Turn right side out, the
exterior body is finished.

製作裡袋身
Make the lining body

※ 前置作業:請依照個人需求設計
裡袋身口袋。
※Please design the lining pocket
depend on your need.

8 取 40cm 拉鍊並拉開。
Pull apart the 40cm zipper.

3 取 2 片掛耳皮片,穿入口型環
後對摺。將掛耳皮片置於背帶
布中間,如圖車縫。
Fold the leather tab in half and put
into the rectangle ring. Place the
leather tab in the center of the
bag strap piece and sew it.

4 將 2 片背帶布正面相對,車縫
弧形邊,車好記得修剪牙口。
Pin the 2 bag strap pieces with
right sides together and sew along
the curve edge. Trim the seam
allowance inside.

5 將背帶布翻回正面,並於弧形
邊壓臨邊線。
Turn the bag strap right side out,
topstitch along the curve edge.

前置作業:裁布
Cut Fabrics

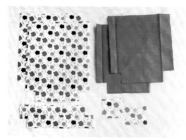

依裁布表將所需要的布片裁剪
好備用。
Cut out the fabric pieces according
to the panel and the cutting size
shown on the form.

製作表袋身
Make the exterior body

2 將前袋身表布與後袋身表布正
面相對,車縫兩側與底部。
Place the exterior front body
piece on the exterior back body
piece with right sides together,
sew both sides and the bottom as
shown in the picture.

I5 裡袋身完成。
The lining body is finished.

組合袋身
Piece together

I6 將表袋身套入裡袋身，兩者正面相對，如圖示車縫一圈。
Place the exterior body inside the lining body with right sides together, sew along the top round edge as shown in the picture.

I7 從裡袋身預留的返口翻回正面，於袋口壓線一圈。
Turn the bag right side out through the gap. Topstitch the top round edge as shown in the picture.

I8 將裡袋身預留的返口車合。
Sew closed the gap inside the lining body.

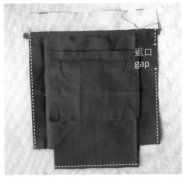

返口
gap

II 前袋身裡布與後袋身裡布正面相對，其中一側預留 10cm 的返口，依圖示車縫固定。
Pin the lining front body piece to the lining back body piece with right sides together, sew the both sides and the bottom as shown in the picture. Leave 10cm gap at one side for turning.

I2 左右兩端各裝上 1 個拉鍊頭，並於拉鍊中心結合。
Attach the zipper heads from both sides, and pull the zipper heads to meet in the center.

I3 裡袋身上方如圖車縫固定。
Sew closed the upside part of the lining body as shown in the picture.

I4 將裡袋身袋底兩側車合。
Sew closed the 2 square corners of the lining body.

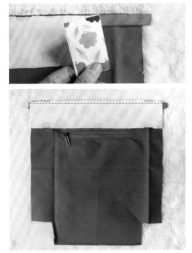

9 將拉鍊口布與前袋身裡布正面相對，夾車拉鍊。
Stack from below: zipper facing piece, zipper and lining front body piece. Zipper is sandwiched between the lining front body piece and zipper facing piece. Stitch along the top edge.

I0 車好翻回正面，於拉鍊口布壓一道臨邊線。另一側拉鍊作法相同。
Turn right side out and press seam open, topstitch the zipper facing piece. Repeat the step again for the other side of zipper.

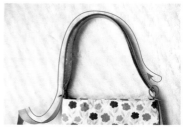

23 接著將皮帶 B 穿入表袋身右側上方的第 1 個口型環，反摺皮帶 B 並用鉚釘固定。
Put the strap B into the right side's first rectangle ring as shown in the picture, fold under and secured the end with rivet.

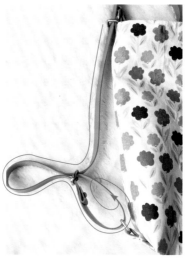

24 將皮帶 B 另一端套入日型環，穿過表袋身左側底的口型環，再將皮帶 B 回穿至日型環，反摺一段後用鉚釘固定。
Put the other side of strap B into the slide buckle and keep going through the rectangle ring at the left bottom as shown in the picture. Then pull the strap B back through the slide buckle, fold under and secured the end with rivet.

25 包包就完成了！
The bag is finished!

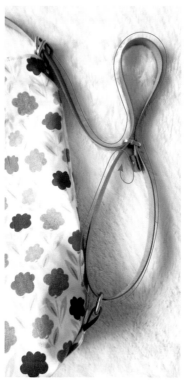

21 接著如圖將皮帶 A 先套入日型環，接著穿過表袋身右側底的口型環，再將皮帶 A 回穿至日型環中，反摺一段並用鉚釘固定。
Put the strap A into the slide buckle, and keep going through the rectangle ring at the right bottom as shown in the picture. Then pull the strap A back through the slide buckle, fold under and secured the end with rivet.

22 再取皮帶 B，從表袋身左側上方第 2 個口型環穿入。
Take the leather strap B and put into the left side unoccupied rectangle ring of the exterior body.

19 準備掛耳皮片，取 2 個口型環套入皮片中，接著以鉚釘固定於表袋身左右兩側。
Fold the leather tab in half and put into 2 rectangle rings. Pin with double rivets to each side of exterior body.

20 取皮帶 A，如圖示從表袋身左側上方口型環穿入，將皮帶反摺一段並用鉚釘固定。接著將皮帶 A 另一端穿入表袋身右側的 2 個口型環中。
Take the leather strap A and put into the left side's first rectangle ring, fold under and secured the end by pinning with rivet as shown in the picture. Then put the other side into the right side's 2 rectangle rings.

繽紛小馬醫生口金後背包
Doctor frame backpack

製作示範（By）／Pupu Fauziah　翻譯（Translator）／Yulistiani　編輯（Editor）／兔吉

完成尺寸（Finished size）／長（L）31cm×高（H）28cm×底寬（D）16cm

難易度（Difficulty level）／★★★

附英語版本
With English
Version

Profile Pupu Fauziah

My name is Fauziah, people used to call me Pupu. I was born in Bogor, Indonesia on May 1985. I was graduated from a university in Jakarta with major in fashion design on 2003. Before becoming a handmade bag crafter, I made kids birthday goodie bag by order. Two years ago, using my background in fashion design, I started to make and create some bags and decided to become a handmade bag crafter. I am very grateful that the bags I design and make are very well received by people until now.

我是 Fauziah，大家也可以稱呼我為 Pupu。我出生於 1985 年 5 月於印尼茂物市，於 2003 年從雅加達國立大學服裝設計系畢業。在成為專職的手作包包設計師之前，我從事製作兒童生日禮物袋產業的工作。我於兩年前開始利用自身服裝設計系的背景，開始嘗試設計與製作包包，之後決定轉行擔任專職的手作包包設計師。直到現在，我依然非常感謝一路走來喜歡我所製作的包包的朋友們，也非常感激大家對我的支持與愛護。

Instagram：@Pupu-fauziah05

Materials

裁布 Cutting：

※ 請參考下方裁布圖 A、B、C、D 進行裁剪。

※Please see the cutting size of A、B、C、D on the below.

表布 Exterior Fabric：

前、後袋身 ×2 片（依紙型）	Front / back body×2（Panel）
前袋蓋 ×1 片（依紙型）	Front flap×1（Panel）
側口袋 ×2 片（依紙型）	Side pocket×2（Panel）
側袋身 ×2 片（依裁布圖 A）	Side body×2（Cutting size A）
袋底 ×1 片（依裁布圖 B）	Bottom×1（Cutting size B）
拉鍊口布 ×2 片（依裁布圖 C）	Zipper facing×2（Cutting size C）

裡布 Lining Fabric：

前、後袋身 ×2 片（依紙型）	Front / back body×2（Panel）
前袋蓋 ×1 片（依紙型）	Front flap×1（Panel）
側口袋 ×2 片（依紙型）	Side pocket×2（Panel）
側袋身 ×2 片（依裁布圖 A）	Side body×2（Cutting size A）
袋底 ×1 片（依裁布圖 B）	Bottom×1（Cutting size B）
拉鍊口布 ×2 片（依裁布圖 C）	Zipper facing×2（Cutting size C）
一字拉鍊口袋布 ×2 片（依裁布圖D）	Zippered pocket×2（Cutting size D）

其他配件 Accessories：

20cm 拉鍊 ×1 條	20cm zipper×1
50cm 拉鍊 ×1 條	50cm zipper×1
織帶（寬 3cm× 長 85cm）×2 條	Webbing 3（W）×85（L）cm×2
織帶（寬 3cm× 長 33cm）×1 條	Webbing 3（W）×33（L）cm×1
織帶（寬 3cm× 長 8cm）×3 條	Webbing 3（W）×8（L）cm×3
3cm 鉤釦 ×4 個	3cm snap hook×4
3cm D 型環 ×3 個（掛耳用）	3cm D ring×3（For the D ring tab）
3cm 日型環 ×2 個	3cm slide buckle×2
皮片（寬 2cm× 長 7cm）×2 片	Leather strap 2（W）×7（L）cm×2
2cm 寬現成包邊條	2cm width ready made piping
13cm 鬆緊帶 ×1 條	13cm elastic×1
醫生包手提把 ×1 組	Doctor bag handle×1 set
30cm 支架口金 ×1 組	30cm doctor bag frame×1 set
四合釦 ×1 組	Snap Button×1 set
2cm D 型環 ×1 個（皮片用）	2cm D ring×1（For the leather strap）
拉鍊擋片 ×2 個	Zipper stopper×2

※ 以上紙型與數字尺寸皆已含縫份 1cm。

※ All panels and cutting size shown on the form include seam allowance 1cm.

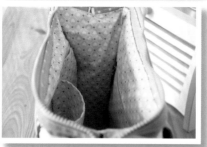

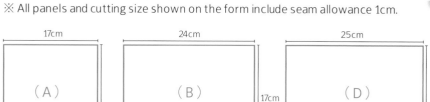

(A) 17cm × 34cm

(B) 24cm × 17cm

(D) 25cm × 25cm

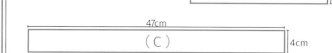

(C) 47cm × 4cm

How To Make

7 取一段現成的包邊條放在前袋
身表布上,車縫 U 字型。
Place the ready made piping on
the top of the exterior front body
piece, sew along the U shape
edge.

8 將前袋蓋表布與前袋蓋裡布正
面相對,車縫 U 字型。翻回正
面,同樣於前袋蓋表布邊緣 U 字型
壓臨邊線。
Pin the exterior front flap piece
to the lining piece with right sides
together, sew along the U shape
edge. Then turn right side out,
topstitch around the U shape
edge.

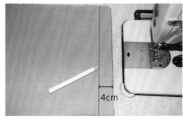

9 依圖示從後袋身表布上邊往下
4cm 畫好記號線。
Draw a 4cm line form the top of
the exterior back body piece as
shown in the picture.

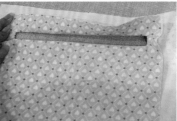

4 如圖從長方框中心往頭尾剪
開,兩端修剪成 Y 字型,將口
袋布從長方框內塞入並整理好。
Cut a slit in the center of the
rectangle then angled out to the
corners making like a Y cut. Put
the lining zippered pocket piece
into the rectangle lines, the pocket
window is finished.

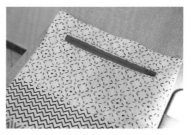

5 取 20cm 拉鍊從後方放入長方
框內,沿邊車縫固定。
Take the 20cm zipper in the center
of pocket window, topstitch
around the pocket window.

6 翻至背面,將口袋布往上對摺
貼齊布邊,車縫 ∏ 字型固定,
完成一字拉鍊口袋。
Turn to the back side, fold the
lining zippered pocket piece up,
sew along the sides and edge.

{ 製作表袋身
{ Make the exterior body

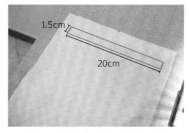

1 取前袋身表布與一字拉鍊口袋
布備用。
Prepare the exterior front body
piece and the lining zippered
pocket piece.

1.5cm
20cm

2 將一字拉鍊口袋布翻至背面,
如圖畫上一個長方框。
Place the lining zippered pocket
piece to the back side, make a
rectangle as shown in the picture.

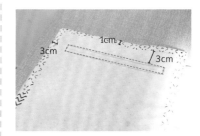

3cm 1cm 3cm

3 一字拉鍊口袋布與前袋身表布
正面相對,沿長方框車縫一圈。
Pin the lining zippered pocket
piece to the exterior front body
piece with right side together, sew
along the rectangle lines.

側口袋表布　側口袋裡布
Exterior side pocket　Lining side pocket

16 將側口袋表布與裡布正面相對，上方車縫一道。
Pin the exterior side pocket piece to the lining piece with right side together, sew the top edge.

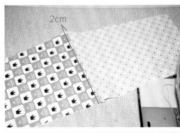

2cm

17 翻回正面，從側口袋表布上邊往下畫好一道 2cm 直線並車縫，完成鬆緊帶穿入口。
Turn right side out. Draw a 2cm line from the top of the side pocket and sew it. The casing for the elastic is finished.

13 取一條 3×33cm 織帶置於前袋蓋上方並車縫，目的是為了遮蓋掛耳車縫的痕跡。
Place the webbing（3×33cm）above the front flap and sew it for covering the raw edge.

14 將另兩片掛耳擺放在後袋身表布底角中間處，沿邊車縫固定。
Put the other 2 pieces of D ring tabs on the bottom corner of the exterior back body piece. Sew it as shown in the picture.

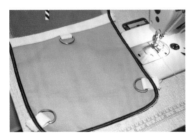

15 取一段現成的包邊條置於後袋身表布上，車縫 U 字型固定。
Place the ready made piping on the top of the exterior back body piece, sew along the U shape edge.

10 把前袋蓋放在後袋身表布正面上，將前袋蓋上邊沿著記號線車縫。
Place the front flap on the exterior back body piece, align the front flap piece's top edge with the marking and sew it.

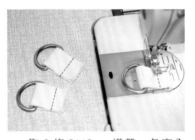

11 取 3 條 3×8cm 織帶，各穿入 D 型環後對摺並車縫固定，完成掛耳製作。
Prepare 3 webbing（3×8cm）and put each into the D ring. Fold in half and sew closed, the D ring tab is finished.

12 將掛耳擺放在前袋蓋中間，車縫固定。
Put the D ring tab in the center of the front flap as shown in the picture and sew it.

22 拉開 50cm 拉鍊。將拉鍊口布表布與拉鍊口布裡布正面相對,夾車拉鍊。

Pull the 50cm zipper apart. Stack from below: exterior zipper facing piece, zipper and lining zipper facing piece. (Zipper is sandwiched between the exterior zipper facing piece and lining zipper facing piece.) Stitch along the top edge.

23 翻回正面,沿邊壓上臨邊線。

Turn right side out and topstitch as shown in the picture.

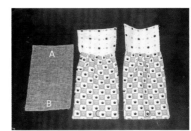

20 準備袋底表布與上述完成的側袋身,如圖示將 A 與 C 底部正面相對,車縫固定。依相同作法將 B 與 D 車合。

Prepare the exterior bottom piece and exterior side body pieces. Pin the A and C's bottom with right side together and sew it. Repeat the step for sewing B and D.

21 翻回正面,於袋底邊壓上臨邊線。

Turn right side out and topstitch as shown in the picture.

18 將鬆緊帶穿入步驟 17 做好的入口,把鬆緊帶拉好之後將頭尾車縫固定,共需完成 2 片側口袋。

Put the elastic into the casing and sew the both sides to secure it. Finished 2 pieces of side pockets.

19 準備側袋身表布與側口袋。將側口袋與側袋身表布兩者側邊與底部對齊,車縫 U 字型,另一邊作法相同。

Prepare the exterior side body piece and the side pocket. Pin the side pocket onto the exterior side body piece with both sides and bottom together, sew along the U shape. Repeat the step for the other side.

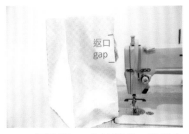

29 同步驟 25 作法將前、後袋身
　　裡布與側袋身裡布接合，其
中一邊側袋身裡布記得預留 20cm
的返口，完成裡袋身。
Repeat the same step as step
25, assemble the lining front /
back body pieces with side body
pieces, remember to leave a gap
（around 20cm）at one side for
turning. The lining body is finished.

{ 組合袋身
  Piece together

30 袋身表布與袋身裡布正面相
　　對，袋口車縫一圈。從預留
的返口將袋身翻回正面。
Pin the exterior bag body and lining
bag body with right side together,
sew around the top round edge as
shown in the picture. Turn right
side out from the gap.

31 將袋身整理好並整燙，如圖
　　示於袋口壓線一圈。
Press the bag body with iron and
topstitch the top edge of it.

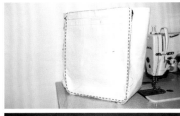

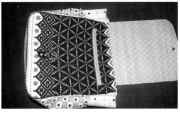

26 後袋身表布作法相同，車好
　　將袋身表布翻回正面。
Repeat the same step to assemble
the exterior back body piece with
exterior side body piece together.
Turn right side out.

27 將拉鍊口布拉開，把其中一
　　側拉鍊口布對齊前袋身表布
上邊，兩者正面相對，車縫固定。
另一側拉鍊口布則是對齊後袋身表
布上邊，依相同作法車縫固定。
Pull the zipper facing apart. Pin
one side of zipper facing to the
exterior front body with right side
together and sew it. Repeat the
same step for the other side of
zipper facing.

{ 製作裡袋身
  Make the lining body

28 準備好裡袋身各式布片。（裡
　　口袋請依個人喜好設計。）
Prepare the lining body pieces.
（Please design the lining pocket
depend on your need.）

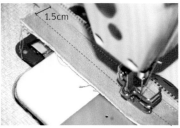
1.5cm

24 沿著拉鍊口布上邊往下
　　1.5cm 處畫一條記號線並車
縫，拉鍊另一側作法相同，完成支
架口金洞口。
Draw a 1.5cm line from the top
of exterior zipper facing and
sew it. Repeat the same step for
the other side of exterior zipper
facing. Finished the casing for
doctor bag frame.

25 將前袋身表布與側袋身表布
　　車合。
Assemble the exterior front body
piece with the exterior side body
piece together.

38 將織帶另一端先穿入日型環，接著穿入鉤釦B，再回穿至日型環內，將織帶反摺一段車縫固定，共需完成2條後背帶。
Put the other side of webbing into the slide buckle and keep going through to the snap hook B, then go through back to the slide buckle and fold under the webbing and sew it. Finished 2 pieces of bag straps.

39 將手提把安裝在正面袋蓋上的適當位置，接著把後背帶鉤好，包包就完成了！
Place the doctor bag handle on the front flap, then put the bag straps into the D ring tabs, the bag is finished.

35 將拉鍊擋片裝上拉鍊的左右兩端。
Put the zipper stoppers to the both sides.

{製作後背帶
Make the bag straps

36 準備後背帶用長織帶、鉤釦與日型環。
Prepare webbing（3×85cm）,snap hooks and slide buckles.

37 將織帶一端先穿入鉤釦A，接著反摺一段織帶並車縫。
Put one side of the webbing into the snap hook A, fold under and sew it as shown in the picture.

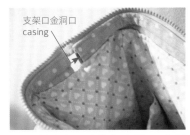

支架口金洞口 casing

32 取支架口金放入步驟24作好的洞口內。
Put the doctor bag frame into the casing which made by step 24.

33 準備2×7cm的皮片，先打上四合釦，接著固定在前袋蓋下方中間的位置。
Prepare the leather strap（2×7cm）and set up the snap button. Place the leather strap on the bottom center of the front flap.

34 取另一片2×7cm的皮片，穿入D型環後對摺。接著固定在前袋身中間，距離下邊3cm的位置並以鉚釘固定。
Take another leather strap（2×7cm）and put into the D ring and fold in half. Then place it in the center of the front body, 3cm from the bottom as shown in the picture. Use the rivets to hold it.

悠閒的夏日午後

鑫韋布莊 SING WAY

布的日常

你可曾仔細觀察過，一天當中能遇見多少件布藝品？其實，布藝品在我們生活當中隨處可見，就讓我們來瞧瞧，如何在日常中展現獨特創意的手作布品。

AM 11:00
豐盛的午餐饗宴
【餐墊】

PM 01:00
享受居家的悠閒氛圍
【門簾.抱枕】

AM 07:00
一日早晨的開始
【時鐘】

PM 03:00
歡樂的野餐時光
【野餐墊】

鑫韋布莊

Line 好友

www.sing-way.com.tw 　客服專線 0800-067-868

CottonLife 玩布生活 No.28

讀者問卷調查

Q1.您覺得本期雜誌的整體感覺如何？ □很好　□還可以　□有待改進

Q2.請問您喜歡本期封面的作品？ □喜歡　□不喜歡

原因：_____

Q3.本期雜誌中您最喜歡的單元有哪些？

□簡單流行布小物「冰淇淋小恐龍平安符袋」P.04

□傢飾雜貨房間篇《喵喵貓窗簾束帶》、《Zakka風螢幕鍵盤防塵組》P.10

□刊頭特集「出遊實用防水包」P.21

□勤學專題「多功能時尚書包」P.47

□輕洋裁課程《扶桑花長版外罩襯衫》P.74

□小包特企「討喜造型零錢包」P.79

□進階打版教學（二）「吐司包變化款一」P.96

□童裝小教室《無限想像百搭童褲》P.102

□異國創作分享《幾何小花兩用包》、《繽紛小馬醫生口金後背包》P.106

Q4.刊頭特集「出遊實用防水包」中，您最喜愛哪個作品？

原因：_____

Q5.勤學專題「多功能時尚書包」中，您最喜愛哪個作品？

原因：_____

Q6.小包特企「討喜造型零錢包」中，您最喜愛哪個作品？

原因：_____

Q7.雜誌中您最喜歡的作品？不限單元，請填寫1-2款。

原因：_____

Q8.整體作品的教學示範覺得如何？ □適中　□簡單　□太難

Q9.請問您購買玩布生活雜誌是？ □第一次買　□每期必買　□偶爾才買

Q10.您從何處購得本刊物？ □一般書店　□超商　□網路商店（博客來、金石堂、誠品、其他）

Q11.是否有想要推薦（自薦）的老師或手作者？

姓名：_____　連絡電話（信箱）：_____

FB／部落格：_____

Q12.請問有逛過我們新成立的教學購物平台嗎？（www.cottonlife.com）

歡迎提供建議：_____

Q13.感謝您購買玩布生活雜誌，請留下您對於我們未來內容的建議：

姓名／	性別／□女　□男	年齡／　　歲
出生日期／　　月　　日	職業／□家管　□上班族　□學生　□其他	
手作經歷／□半年以內　□一年以內　□三年以內　□三年以上　□無		
聯繫電話／（H）　　　　　　（O）　　　　　　（手機）		
通訊地址／郵遞區號 □□□□□		
E-Mail／	部落格／	

讀者回函抽好禮

活動辦法：請於2018年9月15日前將問卷回收（影印無效）填寫寄回本社，就有機會獲得以下超值好禮。獲獎名單將於官方FB粉絲團（http://www.facebook.com/cottonlife.club）公佈，贈品將於10月統一寄出。※本活動只適用於台灣、澎湖、金門、馬祖地區。

2名

超細玻璃珠針
（0.4×36mm）

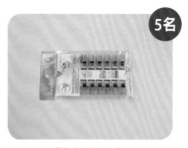

5名

拼布強力夾
（12入裝）

3名

熱氣球造型鈕
（3入裝）

請貼8元郵票

Cotton Life 玩布生活

飛天手作興業有限公司　編輯部

235 新北市中和區中正路872號6F之2

讀者服務電話：（02）2222-2260

黏貼處

3名

磁性收納針盒

3名

洋裁縫份圈（2入裝）

10名

水性消失筆（藍色）

請沿此虛線剪下，對折黏貼寄回，謝謝！